新手建築師の教科書

長銷好評版

NEW
ARCHITECT'S
TEXTBOOK

IIZUKA YUTAKA

飯塚 豊 著

原點
UNI-BOOKS

前言

此刻，手上正拿著這本書的你，或許正從事著建築設計方面的工作。然而，在取得建築師執照之前，你可能未曾想過這份工作竟然會讓你日日夜夜惶惶不安，心裡總是有些甚麼甩不開、放不下的煩惱和疑惑。

未來我能成立自己的建築師事務所嗎？
我真的能獨力扮演好建築師的角色嗎？

我已經在建築師事務所上班了，可是每天都在作模型。這樣會不會太大材小用，影響了我的前途？

我每天忙裡忙外，做的盡是一些為了滿足業主需求的瑣事。這樣下去，真的好嗎？

我可能有一天能夠成為大家眼中名符其實的「建築師」嗎？

我身邊的每一位同事都那麼優秀，我會不會趕不上他們、有一天被他們遠遠拋在腦後？

這些或許正是你的現況。

003

其實，會感到惶惶不安，是再自然不過的事了。因為我們在學習建築的正規教育體系裡，從來沒有學過該如何成為獨當一面的建築師。更遺憾的是，在以培養知名建築師為唯一目標的大學建築系裡，也幾乎不會傳授建築師的實務經驗。加上現在的社會普遍認為「建築設計就得偷學、自學」，因此在可預見的未來，我們似乎也看不出學校會有開始傳授實務經驗的那一天。你此刻的惶惶不安，看起來恐怕除了把命運交給老天爺，根本別無其他解決的辦法。

這本書，正是為了化解你日日夜夜的惶惶不安，告訴你如何透過自力救濟，學習成為一個名符其實、能夠獨當一面的建築師而寫的一本教科書。

要想「通過建築師考試，取得建築師執照」，只要去找一家補習班就能搞定。但是要想「學會如何扮演好建築師的角色」，直至今日，從來沒有一本教科書教過你該怎麼做，更別說提供你學習的方法。所有的資深建築師，無不是在實際的工作中投入了大量的時間和精力，在「做中學」。的確，不可諱言的，建築設計是一個必須承擔責任的行業，確實必須憑靠個人的努力，才可能肩負起如此重責大任。問題是，自古以來「吃得苦中苦、方為人上人」的論調，卻徹底混淆、阻礙了年輕後進的成長。要是能夠及早提醒年輕的建築師該「如何扮演好建築師的角色」，提高大家工作中的敏感度與自信心，肯定可以讓更多的年輕建築師在更短的時間內學會必要的知識，適應、乃至將這些知識運用在眼前的職場中。此外我也認為，提供系統性的教學，對於建築師事務所本身也絕對有百利而無一害。

透過小型的建案作為實例，讓讀者「只要擁有這本書，便能高枕無憂」，正是我寫這本書的目標。為此，本書的內容網羅了處理小型建案時所有可能遇到的問題，讀者就好比跟在一位有心栽培後進的建築師事務所負責人身邊一般，透過一些規模不大的案件，在每天的作業過程中，聆聽他傳授實務經驗。儘管那只是一間小小的住屋，其實已經足以讓讀者藉由簡單的流程，學會所有必要的基本知識。也因此，不論你手邊正在處理哪一種類型的建案，這些基本知識一定都能應用在實際的工作中。

除此之外，書中所列舉的案例和所提供的數據都非常具體，甚至可以讓你直接將它們列入你明天的工作計畫和驗收記錄表裡。

在這本書裡，我不僅會講解計畫、規劃的方法，還囊括了所有日常具體的業務處理，舉凡調查研究、聽取需求、業務諮詢、設計實務、簡報、工程監造等這一些除非你進入第一流的建築師事務所或建設公司、否則絕不可能學到的工作技巧，甚至還包含了一些只要閱讀便足以提升設計能力的秘訣。

這些內容因為十分專業，我估計讀完它起碼需要一個星期。不過單靠閱讀，我想至少也能為你省下原本需要花上兩、三年才可能自行摸索到的經驗知識。倘若現在的你已經計畫未來要成立自己的建築師事務所，單靠這本小書，應該就能一改你過去的生澀，變得更能獨當一面。此外，如果把這本書當作新進員工研修用的教材，也勢必能為事務所或公司省下不少準備講義或教案的時間，因此我也建議建築師事務所和建設公司的老闆善加利用。

我曾經在代謝派建築大師・大高正人先生的建築師事務所內，擔任過都市計劃與公共工程的專案負責人。在成立個人的建築師事務所之後，也至少設計過五十棟木造住宅。同時，我還是日本法政大學建築構法研究室的講師，曾經利用短短的十堂課，成功地讓一群建築系二年級的學生畫出了絕不輸給任何一位建築師的設計圖；也寫過一本登上日本建築類書排行榜的暢銷書《住宅格局黃金方程式》。而現在你手上拿的這本書，正是濃縮了我從以上所有的經驗中學到的建築設計工作技巧。

倘若你能因為這本書，從一個「上班族建築師」搖身一變成為一位「專業建築師」，進而為社會、為每一位你遇到的業主／地主／屋主／客戶認真付出，身為作者的我將感到無比的喜悅與榮耀。

二〇一七年　飯塚　豐

CONTENTS

Staff
Work

員工工作篇

本篇將說明頂尖建築師平日養成的日常「習慣」，
以及事務所內的業務處理，包含業務諮詢、事前調查等方法，
也就是在進入一家建築師事務所上班之前，必須事先具備的「基本常識」。

PART 1

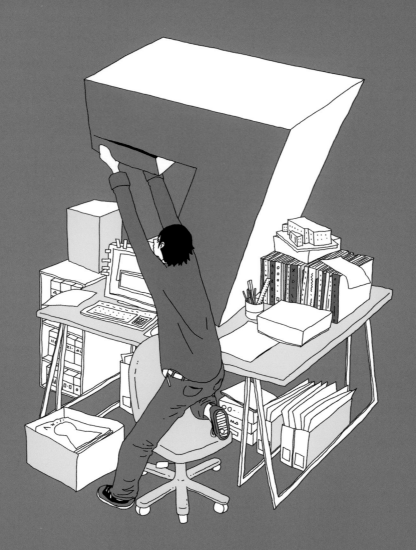

CHAPTER *1*

任誰都能養成的
七個必備習慣

本章中,將介紹幾個成為一位獨當一面的建築師時,
所必須養成的「好習慣」。
同時也將詳細說明,若要想成為一位專業的建築師,
必須具備哪些能力,以及該如何培養這些能力。

1. 透過「蒐集案例」累積知識

「知識」勝於美感

你認為自己是個很有「美感」的人嗎？不論是否從事設計工作，被問到這個問題的人，絕大多數都無法給出肯定的答案吧。

不過不用擔心。**在建築設計的領域裡，「知識」勝過一切；就連作為建築設計者不可或缺的「美學觀感」，也一樣能透過知識的累積來補強。**

建築設計包含了技術和藝術兩個面向。技術面向上，正如建築師執照考試會出的「工程專業知識」一樣，只要具備這方面的專業知識，便不成問題。而藝術的面向，若能充分累積「過去的案例」則將受用無窮。只要你能找出過往一些令人稱道的建築實例，並且善加利用，即可彌補「先天不足的美感」。也就是說，即便缺乏一般人特別重視的平衡感或色彩感知，一概可以藉由從過去案例累積而來的知識予以補足。

你所需要的能力一概都能透過「知識」來補足

技術面	藝術面
透過工程專業知識彌補	透過案例知識補足

● 以過去案例來解決所有的問題

「如何讓建築外觀融入街區和四周的風景？」
「如何在狹小的空間內製造寬敞的感覺？」
「如何突破嚴苛的法規限制？」
「如何達成目標而不超出原訂的經費額度？」

從進入建築師事務所上班的第一天開始，能幫助我們有效解決問題的，正是「案例」知識。

累積越多案例知識的人越能說出，「某某某建築師設計的某某作品，是這樣突破這個問題的。」或者像是，「我們公司向來都是利用這樣的設計概念，讓建築的外觀看起來更美。」不論遇到怎麼樣的狀況，他都能做出正確的判斷，讓問題迎刃而解。

在建築師事務所上班，最需要的就是知識的累積。

第一流的建築師個個都是案例控

也許你心裡正在懷疑，「可是那些知名的建築師，設計時明明靠的都是美感呀……」。這，真的是誤會呀。

所有大名鼎鼎的建築師，其實個個都是建築控。在他們的腦子裡，無不累積了大量的視覺畫面。每當遇到問題時，總會從過去累積的知識中，挑選出許許多多的案例，並且以這些案例作為線索來設計出個人的作品。換言之，這些大師們所仰賴的，並不單單只是個人的美感。

拿大家耳熟能詳的建築師安藤忠雄來說吧。他的足跡遍佈世界各地，看遍了無數的古典和知名建築。他還曾經徹底鑽研過奧古斯特・佩雷（Auguste Perret）、柯比意（Le Corbusier）、高橋靗一、鈴木恂等多位先進前輩的混凝土建築鉅作。正因為他腦子裡裝滿了過去的案例，才可能醞釀出屬於他自己的、獨具特色又變化多端的混凝土設計。

蒐集案例的順序

現在你應該已經多少瞭解到蒐集建築案例的重要性了，不過案例並不只有一種，知名的古典建築是一種案例，事務所設計過的作品又是一種案例。剛開始的時候，你可能會不知從何下手，無法判斷哪些案例值得你蒐集。

為此，接下來將簡單介紹一下蒐集案例的順序，以及蒐集的重點。唯有清楚掌握了目標，蒐集之後才可能立刻將它們運用在自己的設計裡。

最容易運用在實務上的蒐集案例順位

「任職的事務所」的作品

第1順位

不僅可以進一步認識自己所任職的事務所，而且不論是圖稿、相片都唾手可得。不妨盡可能地蒐集其中功能、規模、主題相近的案例，並且把這些案例視為你個人的基礎知識。

「標準答案」的作品

第2順位

譬如以公共建築來說，不妨認識一下鄰近縣市的建築物；若是住宅方面，則可以瞭解一下各家建築公司。可以試著把相同規模、相同功能的案例視為「標準答案」，整理出其中最恰當的面積分配或功能配比等等不同的主題。

「地區」建築

第3順位

若能不分建造時間和建築本身的功能與規模，對某一個地區的建築物進行充分調查，就能清楚掌握當地的氣候與環境。最好也能把當地的傳統建築像觀光一樣，一個不漏地認真走一遍。

國內外現代建築「大師們」的作品

第4順位

蒐集知名建築師的建築案例時，要像在學校裡上課時一樣，充分掌握其中所包含的一些解決問題的優秀創意，而不是僅止於覺得很壯觀、很好看而已。經過多方考察之後，往往會很自然地找到幾個你特別感興趣的設計主題或風格。

在國際競圖中雀屏中選的「話題」作品

第5順位

在大型的國際競圖中，往往能發現一些最新的建築設計解決方案。而如「Dezeen」和「ArchDaily」這兩大國際級的優質網站，也經常會登載一些在競圖中雀屏中選的作品，記得要不時瀏覽、以便掌握最新的世界設計趨勢。

⦂案例的觀察重點

　　以下以一個住宅設計案做為範例，具體説明我個人對每一個蒐集案例的觀察重點。

如何蒐集過去的案例

目前手中設計案的特性（基地位在埼玉縣飯能市）

> ·位處坡地，視野良好 ⟶ ❶
> ·基地平坦，面積約100坪 ⟶ ❷
> ·建物用途為獨棟住宅，光線充足 ⟶ ❸
> ·建物規模約30～35坪 ⟶ ❸
> ·臨路面在西北和東北側 ⟶ ❹
> ·業主是一對年輕夫婦，有生育小孩的計劃 ⟶ ❺
> ·日後父母親也可能前來同住 ⟶ ❺
> ·希望是昭和風格的住宅 ⟶ ❺

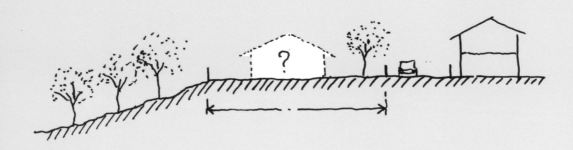

　　蒐集案例時，我會先根據上述手中預定進行的設計案本身特性，整理出右頁五個項目，然後才正式開始進行案例蒐集。

❶所在地的氣候、環境與地形

　　由於日本南北狹長，加上多山多海，各地區的氣候環境差異頗大，因此在每一次設計規劃時，尤其需要仔細觀察四周建物，並且從中尋找出建築特性。這個建案所在地的氣候較東京稍冷，但是因為面對著一片緩坡，因此我決定要蒐集「視野良好的案例」，同時打算深入研究能有效利用基地視野的方法。

❷基地的特性

　　基地本身一定具有各種不同特性，譬如面積的大小；而這些特性又會牽涉到法規限制。由於每一塊基地的特性肯定不盡相同，因此基地特性是我在設計規劃時，最特別需要留意的一大重點。這個建案的基地因為夠大，拿來建造住屋是綽綽有餘，為此我決定開始蒐集「平房式」的住宅案例，也自然地把焦點集中在設計平房時可能遇到的問題。

❸建物的類型與規模

　　這個建案的建築類型是住宅，而對住宅來說，最重要的課題不外乎節能減碳。由於基地本身的光線充足，因此我想或許朝著被動式節能住宅（Passive House）的方向蒐集案例會更好。

❹臨路面與入口方向（尤其是當建築類型是住宅時）

　　當建築類型是住宅時，臨路面和入口方向會直接影響到室內的格局規劃。既然已經決定蒐集「平房式」的住宅案例，我想不妨就順勢試著瞭解一下蒐集的案例中房間格局是如何規劃的。

❺業主的特性與基本需求

　　業主個人的興趣和家庭人數之類的特性也會影響到建築的設計方向。這個建案的業主特別提及未來家庭人數可能增加，還提出了「昭和風格」的需求，因此很顯然的，我也必須瞭解一下昭和風格住宅的基本樣式才行。

透過手中設計案的特性，決定了關注的要項之後，我陸續完成了以下案例的蒐集。

案例蒐集的成果

❶這是建造在視野良好的坡地上的一個住宅案例。LDK（客廳、餐廳及廚房）設置在屋中視野最佳的二樓，同時向外作出了大開口，切出一片大面積的景觀窗。景觀窗採用了將多窗口組合成一面大窗口的手法。刻意加高窗口下方的高度、形成類似緣側的手法似乎也可作為我在設計規劃時的參考。

❷這是在緣側上方加上屋簷的平房式設計案例。由於坡地上地勢越高、視野越好，因此儘管是平房，卻在屋頂的局部加蓋二樓，提高了住宅本身居住的樂趣。一般來說，平房住宅中央部位的光線肯定會很暗，此案例中二樓採用的大開口採光手法也非常值得我參考。

❸這是建造在光線充足基地上的一個綠建築案例。面向庭園三公尺寬的開口具有聚熱功能，而且為了增加冬季的日照量，還特別放棄 LOW-E 複層玻璃，採用了浮法式的複層玻璃。即便是我自己事務所的案例，光靠相片和圖稿也未必能夠掌握，它的室內溫熱環境也非常值得參考。

❹這是一個臨路面位在北側的案例。一般建物的北側，我們大多會將用水區域和梯間的窗戶設成小型的窗口，而這個案例卻大膽地將北側設為大窗口。之後我未必會採用這樣的設計，不過它的發想仍舊有助於激發我設想出其他「可行」的設計方式。

❺知名建築師的一流案例永遠是我的創意寶庫。一般在長方形的基地上建造雙坡屋頂的房屋時，正面通常會設在較短的一邊，但是這棟建在江戶東京建築園的前川國男宅邸，正面卻設在較長的一邊，並且刻意壓低了兩側屋簷的高度。這樣的設計似乎非常適合這次建案中兼備平房與昭和風格的設計需求。

案例（圖稿）的整理

　　案例的圖稿不能只是「查閱」或「翻看」完就算了事，更重要的是必須將它們列印出來，一一「整理」到資料夾裡。整理的時候，切記要把所有的圖稿，包括自家事務所的CAD圖檔、書報雜誌上的圖面，全都影印成同樣的大小。有了這本容易進行案例比較的自製圖稿集相伴，設計規劃時就不會發生許多新手建築師常犯的──畫出「搞錯尺寸的夢幻圖面」這種情況。

將案例（圖稿）一一整理到資料夾裡。

在案例（圖稿）上留下筆記

　　完成了案例圖稿集之後，還必須仔細瀏覽。由於是自己親手蒐集來的圖稿，應該都是你直覺認為有用的重要參考。因此瀏覽的時候不妨想想，它們究竟哪些部分對你有用？它們的優點又在哪裡？然後把這些想法以文字記錄下來。這些筆記其實就相當於你真正想要付諸實踐的設計。

　　將對案例的思考以文字筆記下來的另一個好處是，未來引用這些案例時，就不會像個文抄公一樣地人云亦云。因為每一個案例都包含了你自己獨到的想法和見解。

案例圖稿筆記（圖稿：參閱P.18案例❷）

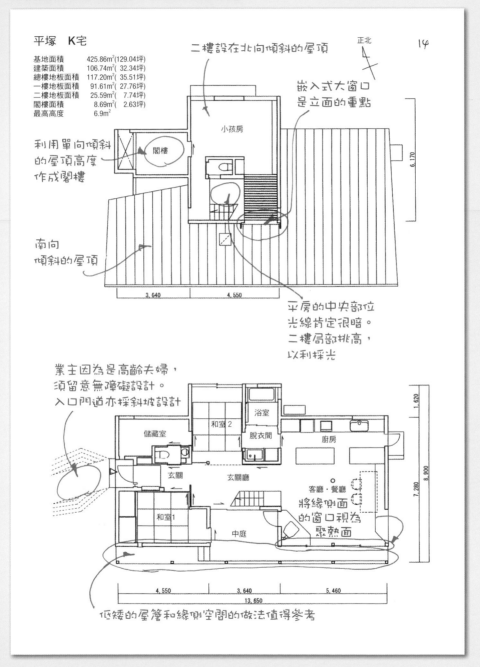

平塚　K宅

基地面積　　　425.86m²(129.04坪)
建築面積　　　106.74m²(32.34坪)
總樓地板面積　117.20m²(35.51坪)
一樓地板面積　 91.61m²(27.76坪)
二樓地板面積　 25.59m²(7.74坪)
閣樓面積　　　 8.69m²(2.63坪)
最高高度　　　 6.9m²

二樓設在北向傾斜的屋頂

正北

14

嵌入式大窗口
是立面的重點

利用單向傾斜
的屋頂高度
作成閣樓

小孩房

閣樓

6,170

南向
傾斜的屋頂

3,640　　4,550

平房的中央部位
光線肯定很暗。
二樓局部挑高，
以利採光

業主因為是高齡夫婦，
須留意無障礙設計。
入口門道亦採斜坡設計

浴室

和室2

脫衣間

廚房

1,620

儲藏室

玄關

玄關廳

客廳·餐廳
將緣側面
的窗口視為
聚熱面

7,280　8,900

和室1

中庭

4,550　　3,640　　5,460
13,650

低矮的屋簷和緣側空間的做法值得參考

案例（相片）的整理

　　除了圖稿之外，也要記得把從網路上下載來的知名建築相片或圖檔，固定儲存在一個電腦資料夾裡。資料夾的名稱最好是一目了然，一眼就能看出蒐集它的目的，譬如命名為「昭和風格住宅建案 01.前川宅邸」。

　　和整理圖稿一樣，也別忘了為相片、圖檔留下筆記。若使用Photoshop之類的軟體直接把文字筆記記錄在相片上，既費時又費事，建議不如把所有蒐集來的圖檔都貼入Evernote，並且輸入文字筆記。

將案例的相片和筆記一併存入Evernote

【筆記範例（圖稿：參閱 P.18 案例❷）】
緣側上方搭配屋簷的平房式設計案例。坡地上地勢越高、視野越好，因此儘管是平房，卻在屋頂的局部加蓋二樓，以提高住宅本身居住的樂趣。一般來說，平房住宅中央部位的光線肯定很暗，為此案例中二樓採用大開口採光的手法也頗值得參考。若將浦和 O 宅邸的立面與平塚 K 宅邸的緣側結合，不知立面的效果如何？

將案例的相片與筆記一併存入Evernote

【筆記範例（圖稿：參閱 P.18 案例❶）】

建造在視野良好的坡地上的住宅案例。LDK 設在屋中視野最佳的二樓，同時向外作出了大開口，切出一片大面積的景觀窗。景觀窗採用了將多窗口組合成一面大窗口，以及刻意加高窗口下方的高度，形成了類似緣側的手法也可做為設計規劃時的參考。

2. 「30 秒速寫」
隨時畫下創意重點

⦂ 用速寫的方式讓創意具體成型

　　想把無形的創意「彙整」成可見形式時，最好的方法莫過於速寫。因為用速寫來取代複雜的文字敘述，給人的印象就能非常清楚具體。

　　「傳達」創意的時候也是如此。譬如在業主面前突然想到了什麼好點子時，或去到工地現場，打算向現場監工人員提出某個具體指示時，如果只是說「我希望這裡能給人更輕更柔和的感覺……」，對方肯定會一頭霧水。其實這時候最好的表達方式，就是立刻掏出紙筆，速寫給對方看。

　　說到畫圖，時下的年輕建築人常覺得這不是自己的強項，然而，**真正的重點並不在於「圖畫的好壞」，而在於「是否成功傳達」這點**。或許把「速寫」想成是一種「傳達想法的工具」，就能更能泰然處之，輕鬆地畫出你想表達的內容。

⦂ 從30秒速寫入手

　　首先，不論你想到了什麼，在把你的想法轉換成CAD或使用SketchUp之前，請務必養成在30秒內完成一張速寫的習慣（我之所以把時間設定得這麼短，目的是為了降低某些人對於速寫仍心存抗拒的掙扎）。

因為只有30秒，你當然只能完成一張粗略的草圖，不過粗略其實是件好事。因為限制了完成的時間，你反而更能夠抽取出重點、也比較容易傳達給對方。相反的，要是直接就使用CAD或SketchUp，你一定會不自覺地加入一些新的想法，結果反倒把重點轉移到細節上了。在尚未釐清整體的架構之前，一旦在乎起了細節，結果這些細節反而成了一種限制，模糊了你原本的想法。

透過這個30秒速寫的習慣，可以讓你在無形之中培養出「重視整體，傳達重點」的習慣。30秒速寫讓你隨時隨地都能下筆，只要手邊有張紙就行。所以只要「靈光一現」，請立刻提筆就畫。畫好後立刻用手機拍下來存入Evernote，或者用郵件寄給自己，以免事後遺失，白費功夫一場。

養成隨時隨地速寫記錄想法的習慣

將案例的相片和筆記一併存入Evernote裡

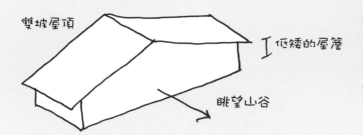

雙坡屋頂

低矮的屋簷

眺望山谷

想法：
兼顧低屋簷和視野，
同時將正面擺在較長
邊的平房。
保全整棟房屋的視線
景觀。

想法：
單純的平房成本較高，
故將正面的中間局部分出二樓。
採以折面屋頂的形式，
來控制整體的高度。

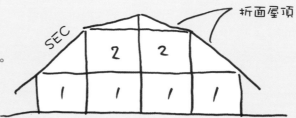

折面屋頂

SEC

2	2
1	1	1

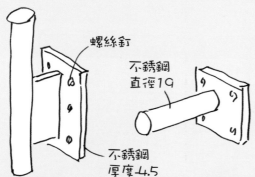

螺絲釘

不銹鋼
直徑19

不銹鋼
厚度4.5

想法：
為了保全視野，
將容易遮蔽視線的扶手
改以較細的不銹鋼管來製作。
細部上在端部加上鋼板，
並以螺絲釘拴緊。

想法：
將客廳和餐廳集中在
視野良好的山谷這邊，
並增設緣側。
將用水區域集中。
動線集中在中央，
玄關和樓梯也是。

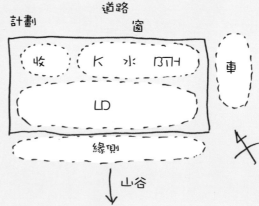

計劃　道路

窗

| 收 | K 水 BTH | 車 |

LD

緣側

山谷

在速寫圖中簡要標示的空間：
收＝收納，K＝廚房，水＝用水，BTH＝浴室，
車＝停車空間，LD＝客廳＋餐廳

⚇ 將速寫視為幫助記憶的工具

持續不斷地自我訓練30秒速寫，你應該會日漸感受到畫圖的樂趣。而一旦習慣了畫圖，**不妨將速寫視為一種幫助記憶的工具**。不論是出外旅行或者去看你曾經嚮往的建築時，都請花點時間持續練習。

同時，也不妨以遠藤勝勸、妹尾河童、浦一也等幾位素描高手的作品作為學習的目標，不斷精進。一旦養成平時速寫的習慣，速寫的功力肯定也會更上一層樓，越畫越好。

在一邊練習一邊觀察的過程中，你一定也會有許多新發現，並且會很自然地記在腦子裡。下面這張實景素描是我在書上看到由堀口捨己設計的日式住宅相片時，隨手畫下的。我特別留意到其中地板高度的節奏感和右側床間的照明。

將速寫視為幫助記憶的工具① 書中相片的臨摹

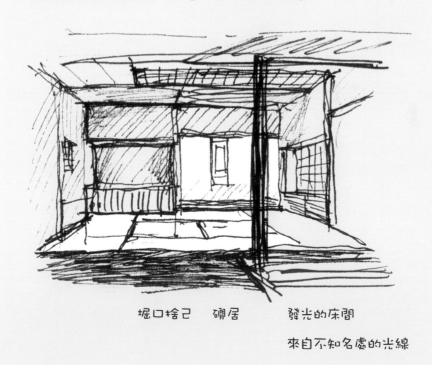

堀口捨己 磯居 發光的床間

來自不知名處的光線

不論是在書報雜誌上讀到、或在路上看到，凡是吸引你的設計，請一律用簡單的素描取代只是以筆記下來的習慣。例如下面這張實物素描的主題是磚瓦的排列。

若仔細觀察，你會發現除了對齊與交丁之外，還有如此不同的排列方式。

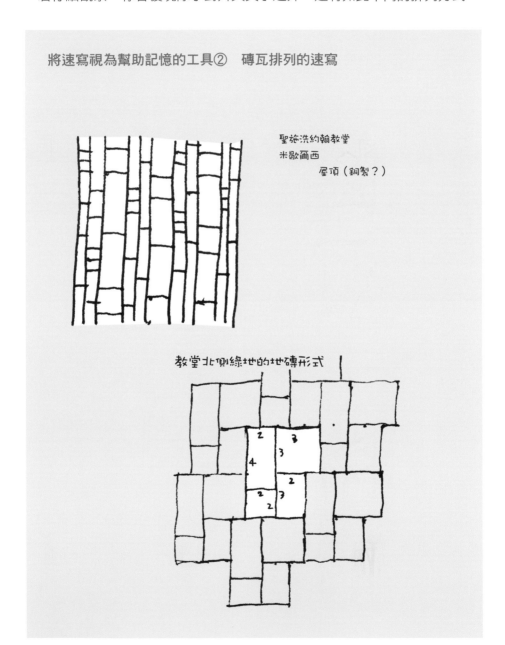

將速寫視為幫助記憶的工具② 磚瓦排列的速寫

聖施洗約翰教堂
米歇爾西
　　　屋頂（銅製？）

教堂北側綠地的地磚形式

搭車時你可能會突發奇想，想到了一個建築設計的點子。這時候也別忘了隨手把腦中浮現的點子畫下來。另外，在手機裡安裝「ArtStudio」之類的手繪軟體，在臨時手邊找不到紙張的時候也很方便。

將速寫視為幫助記憶的工具③　搭乘地鐵時的速寫

用筆畫下的速寫

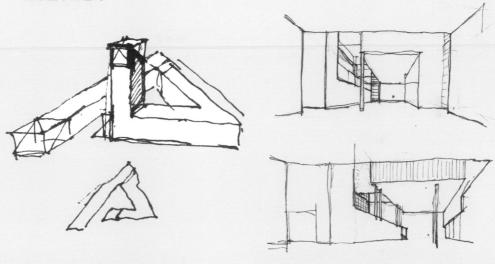

用手機軟體畫下的速寫

3. 「實測自己的家」培養對尺寸的直覺

⋮尺寸是建築設計的基礎

　　每一次製圖的時候，我不給任何數據，任同學們自由發揮，結果總會收到幾張畫著可能必須側著走才能通過的狹窄走廊，或者大到簡直可以讓人在裡頭住下來的超級大廁所等等，各種令人難以想像的怪圖稿。**在建築設計裡，尺寸的概念就好比像生活中的基本禮儀。**就像是知道蹺課是件讓人羞恥的事一樣，建議你最好趁年輕的時候養成正確習慣。

　　由於尺寸與可用性直接相關，因此除了平面尺寸以外，請千萬記得還有高度尺寸。

- 椅子的高度大約在400～450mm之間
- 桌子的高度大約是椅子高度＋300mm
- 廚房天花板的高度大約是身高／2＋50～100mm
- 門的寬度至少550mm，至多950mm
- 每一段階梯的高度大約在150～220mm之間
- 窗戶外框的寬度大約在12～36mm之間

　　類似這樣，只要把一般常使用的尺寸、以及你事務所內慣用的基本尺寸記在腦海裡，就可以馬上著手繪圖，而不必一再地問同事、問老闆了。

實測自己的家

記憶尺寸的最好方法就是親自動手進行實測,因此**不妨從測量自己的家開始**。所有房屋的結構基本上都差不多,所以不管你家的房子是公寓或是二樓透天厝都無所謂。量好各部位尺寸後,記得要用1/20的比例畫出平面圖或展開圖。

測量時,可以按照房子的外圍→房間較大的凹凸處(譬如下圖中的浴室)→柱體→開口處→家具→用品這樣的順序,依序測量。每測量完一個地方,要立刻用三角比例尺換算成圖面上的尺寸,然後記錄下來,以免遺忘。

窗框的尺寸必須包括寬度、深度,還有窗框與窗扇之間等的細部尺寸,都要詳細記錄。為了掌握實際的起居空間,最好把家具和各類電器用品也一併畫進去。

下圖是我測量自己的辦公室時所畫下的平面圖。

實測平面圖

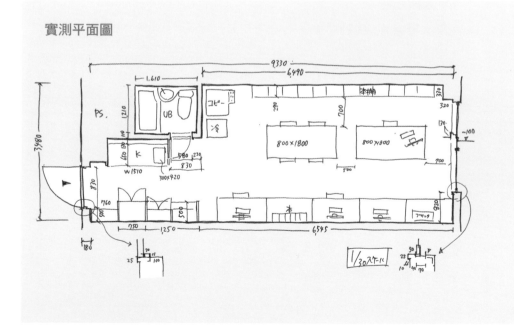

⫶實測自家之外的其他建築

此外，也請養成測量自家以外其他建築的習慣。好比説，你偶然發現一座很好爬的樓梯，就立刻量一下；進入了一個感覺特別舒適的空間，也立刻量一下。不論那裡是餐廳、車站，抑或是一棟大樓、一所學校，遇到了什麼就量什麼。

尤其是飯店，不管再怎麼樣仔細測量，飯店人員永遠不會生氣。發現住起來特別舒服的飯店，二話不説只管抓了尺就量。記錄的方式和實測自己的家一樣，務必要用1/20的比例畫成圖稿。

另外參觀知名建築的時候，請記得：要用原尺寸觀察它的細部。

透過這樣的實測訓練，不僅有助於你記住自己測量過的尺寸，更能在無形之中為自己培養出對於尺寸的直覺。

出門遇到時必須實測的重點地方
- 好爬的樓梯
- 安排得恰到好處的廁所
- 漂亮的扶手、欄杆
- 好開好關的門
- 感覺寬敞或有壓迫感的天花板高度
- 舒適的座椅
- 好用的家具
- 道路的寬度與週邊建築高度的關係
- 其他知名建築的各個部位

不論何時何地，抓了尺就量！

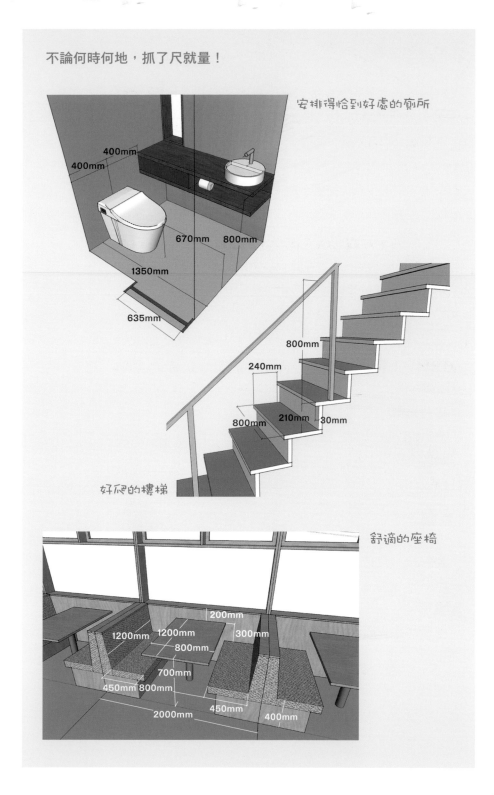

安排得恰到好處的廁所

400mm
400mm
670mm   800mm
1350mm
635mm

800mm
240mm
800mm   210mm   30mm

好爬的樓梯

舒適的座椅

200mm
1200mm   1200mm   300mm
800mm
700mm
450mm   800mm
2000mm   450mm   400mm

⠸ 測量用的工具

在此整理出幾種最常用的測量工具。首先我建議你，隨身攜帶一把量尺（捲尺）。要是遇到必須測量3m以上的距離時，手邊若有一只雷射測距儀，測量起來也肯定會更順手。

在正式開始測量前，不妨預先記下自己幾個身體部位的尺寸，以備不時之需。譬如張開手指的最大尺寸、上手臂的尺寸、大跨步的尺寸等等。要言之，就是事先把你的「人體尺寸」記在腦海裡（不過因為我的忘性太強，所以習慣把這些尺寸全都記錄在Evernote裡）。

測量尺寸的工具

● 量尺（捲尺）

最常見的一種測量工具。如果只是為了記憶尺寸，擁有這種其實就綽綽有餘了。建議購買具有煞車功能的量尺。

● 三角比例尺

製作實測圖或確認工地尺寸時的必備工具。只要隨身攜帶一把十五公分的三角比例尺，必要時肯定能派上用場。

● 角尺

亦即建築工地裡木工師傅常用的那種直角尺。通常具有公分和英吋兩種單位。

● 直尺

遇到低於30公分以下，量尺無法測量的距離時，直尺永遠是你的最佳選擇。

必須經常記得的人體尺寸

張開手指時的尺寸

上手臂的尺寸

大跨步的尺寸

035

4. 複習基本公式鍛鍊計算力

⦂計算能力是技術面向的基礎

我發現，即使是理工科系的大學生，不擅長計算的人意外很多，但是**在實務上，建築設計的工作，計算確實是一項必備能力**。在技術的面向上，舉凡結構、設備、估價、送審與申請等這些主要的作業內容中，其實最離不開的是「計算」而非「製圖」。特別在創意概念的面向上，要想把圖稿畫得真實、準確，也同樣少不了技術的協助。換言之，到頭來還是逃不過計算的手掌心。由此來看，即便你是個只搞藝術的設計工作者，只要有計算這項專長，比起對手就已經贏在起跑點上了。

以下是所有從事建築設計的工作者都必須具備、和計算相關的專業項目。事實上，只要懂得小學算數程度的四則運算、國中數學程度的三角函數和三角函數裡的基本公式，就足夠讓你勝任建築設計的工作。

●**法規**	面積、斜線、日影、天空率等的計算
	通風、採光、排煙量等的計算
●**4號木造建築***	壁量計算、承重牆分配法、樓地板倍率計算、N值計算
●**結構**	樑斷面計算、玻璃耐風壓計算
●**斷熱節能**	斷熱性能與熱損失係數等的計算
	設備節能計算、內部結露計算
●**設備**	排管斷面計算
●**工程計**價	數量計算、價格評估計算

*4號木造建築，指的是符合日本建築基準法第六條第一項第四號規定的建築物。一般木造兩層樓以內、樓地板面積500 m² 高13m以下的建築物。（編註）

必備的基本算數

不過，要想立刻精通所有的計算，恐怕不那麼容易，建議**不妨先從小學和國中教過的三角函數公式，和大學結構學課堂曾經學過的基本公式入手。**然後，就算你在建築師事務所裡只會設計RC或鋼骨之類的大型物件，也請務必搞懂木造建築的基本常識：壁量計算和承重牆分配法。

務必牢記的公式與常數

三角函數與畢氏定理

這是研究法規中各種斜線和坡面屋頂時的兩大必備計算工具。三角函數的部分，你只要記得「餘弦（cos）等於底邊除以斜邊」，加上一只工程計算機，這部分基本上就不會有什麼問題。

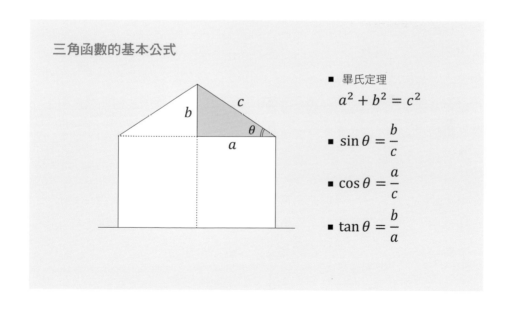

三角函數的基本公式

- 畢氏定理
$$a^2 + b^2 = c^2$$

- $\sin\theta = \dfrac{b}{c}$

- $\cos\theta = \dfrac{a}{c}$

- $\tan\theta = \dfrac{b}{a}$

壁量計算與承重牆分配法的計算

壁量計算和承重牆分配法是日本建築基準法裡規定的簡易結構計算規則。這部分建議你不妨多讀一些相關法規的報刊雜誌,譬如《建築知識》或《確認申請 memo》等。

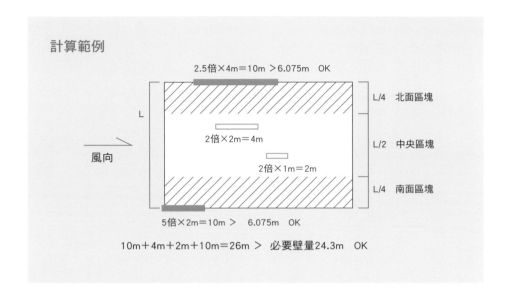

計算範例

2.5倍×4m＝10m ＞6.075m OK

L/4 北面區塊

L

2倍×2m＝4m

L/2 中央區塊

2倍×1m＝2m

L/4 南面區塊

風向

5倍×2m＝10m ＞ 6.075m OK

10m＋4m＋2m＋10m＝26m ＞ 必要壁量24.3m OK

矩形斷面的斷面係數與斷面慣性矩

在大學裡學的結構學可以說是基礎中的基礎。請務必記得斷面係數和斷面慣性矩的公式。尤其要牢記其中樑高(h)的次方。

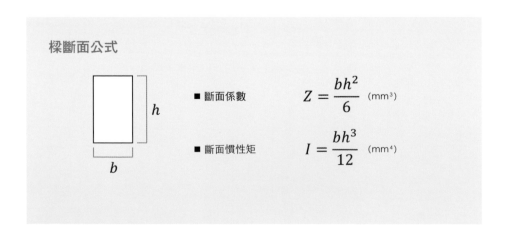

樑斷面公式

■ 斷面係數 $\qquad Z = \dfrac{bh^2}{6}$ (mm³)

■ 斷面慣性矩 $\qquad I = \dfrac{bh^3}{12}$ (mm⁴)

簡支樑（均佈載重）的撓度公式

　　這是用來決定樑斷面時必備的公式。它看似有些複雜，實際上因為木造建築大多是以撓度，而不是以受彎或剪力來決定斷面的，因此你必須先記得這個撓度公式，或者至少要把撓度的比例是樑長的四次方牢記在腦子裡。

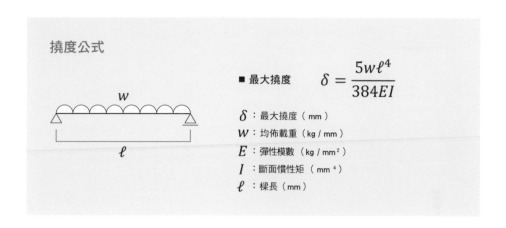

撓度公式

■ 最大撓度　　$\delta = \dfrac{5w\ell^4}{384EI}$

δ：最大撓度（mm）

w：均佈載重（kg / mm）

E：彈性模數（kg / mm²）

I：斷面慣性矩（mm⁴）

ℓ：樑長（mm）

　　在設計木造房屋的時候，只要牢牢記住這個公式和它的計算方式，即可掌握房屋的結構，不必找結構技師商量，也能設計出許多確實可行的變化。也因為這些計算純粹是機械性的，直接套用即可，完全與美感無關，因此特別是一些對自己的設計感特別缺乏自信的人，在著手設計規劃之前，最好能先把這個公式練到滾瓜爛熟。

5. 「一小時完成模型」培養設計力

⫶ 鍛鍊三次元立體表現的能力

　　建築是一種三次元的立體空間，因此藉由二次元的平面圖稿或實景素描，根本不可能完全展現出它真實的樣貌。也正因如此，才會有模型的出現。做成模型，不僅可以充分表現三次元立體空間的內外，更能讓人瞬間掌握原本圖稿所無法呈現、各個建築元素彼此之間的關聯性，甚至可以身歷其境，完成一場模擬的建築巡禮。

　　觀察模型也有助於提高你的覺察力。尤其是當你想向業主或同事傳達自己的想法、或構思下一個階段的新計畫時，再也沒有比模型更好用的工具了。

　　大多數人可能認為製作模型的工作曠日廢時又勞心勞力，不過以下我要介紹的「一小時完成模型」的作法非常簡單，但願你也能夠養成習慣，能夠不時地把自己心中抽象的構思轉化成具體可見的模型。如果不斷透過這種簡易模型的製作方式來練習將創意具體化，相信一定能慢慢提升你設計的能力。

以一個小時完成的模型

能一個小時完成模型的具體作法

1. 材料的準備

要想能在短時間內就完成一個模型，必須先從挑選簡單易用的素材開始。譬如重量輕又容易切割的保麗龍板或瓦楞紙板。

2. 圖稿的準備

如果你想完全憑空完成一座模型，結果恐怕會耗費更多時間，所以不妨先完成一張草圖（包括平面圖和立面圖）以作為製作模型的參考。但是如果你有把握控制好尺寸，只畫一張速寫其實也行。

3. 完成輪廓

一旦確定了製作的方向，請先完成模型外部的屋頂和牆壁。這時候的重點是，毋需在意內部隔間和其他細部設計。請只管思考它的外觀，確認是否適合將它擺放在你預計要建造的地點與環境。

4. 製作樓地板

必要時不妨再加上樓層的地板。一邊想像樓地板和天花板的高度，一邊在第三點所完成的輪廓模型中加入層板。

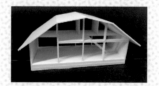

5. 開窗

思考一下該把窗戶開在哪裡？該如何採光？該從哪裡擷取外部的視野景觀？然後在牆面、屋頂等適當的位置切割出開口。

6. 拍照

簡易的模型很容易就會壞掉，所以完成後請立刻拍照存檔。有些人可能在製作完成後就置之不理了，如果你也有這樣的習慣，建議你最好在製作的過程中就邊做邊拍。

⋮ 完成後的確認

模型製作完成以後,請立刻確認以下六點。

1. 是否清楚表現了設計概念?
首先請先確認,這座模型「是否清楚表現出了我的設計主題和設計概念?」譬如你的設計概念是「向庭園開放的家」,如果這座模型並未清楚呈現出你開放的方式,或者你的表現方式並未有效地達成這個目標,那就不行。

**2. 以視線水平來
從各種不同的角度檢視**
為了發現其中的問題,也必須思考仔細看的方式。如果你習慣由上向下俯瞰,這時候不妨蹲下身體,以視線水平從旁邊觀察。或者也可以用角色扮演的方式,從路人的角度去感受模型的造形,甚至想像走進模型裡的感覺。

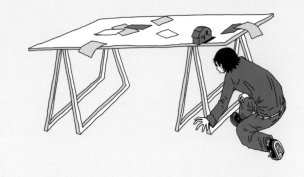

3. 加入人和車
要想更清楚地掌握居住其中的實際感受,不妨再加入符合比例的人物模型。一般我們會放入用黑紙作成的紙片人,不過如果用縮小影印的相片,或者做工精緻的小公仔,會更容易讓你產生真實的感受。

4. 打光

隨心所欲地打光、加入照明，是製作模型的另一項優點，也是圖稿或ＣＧ較難辦到的。不妨把模型暴露在陽光下、或拿手電筒照射來觀察內部照明的狀況。

5. 檢查材料的遺漏與錯誤

製作模型時，很容易就能找出其中材料的遺漏和可能的錯誤。譬如地板結構圖（用來展示地板結構材料的尺寸與配置的平面圖）和軸組圖（用來展示每一條中心線結構材料的斷面圖）尺寸的出入，只要做了結構模型就會立刻發現。因為要在一條中心線上配置樑柱，若不思考它的立體架構，絕不可能畫得出圖來。因此對新手建築師來說，先製作模型再畫圖，或許會更節省時間。

6. 搖晃模型

看到了結構模型，還可以立即掌握建物本身的力矩狀態。這時候不妨搖晃一下模型，確認是否哪裡的力矩不足夠。

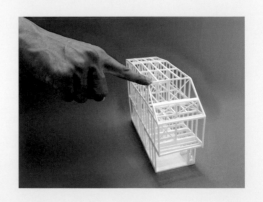

6. 「活用正投影／等角投影」磨練立體繪圖力

∷ 如何繪製三次元立體圖案

　　在談到30秒速寫的那一節裡也提到過，不論在任何設計的領域，真正擅長畫圖的人並不多見，同樣的，在建築設計的領域裡也是如此。即便我們可以把設計的內容以模型的形式呈現出來，但是這終究無法完全取代繪圖。而且，通常一旦進入了設計的階段，幾乎沒有什麼時間去製作模型。

　　不過，在設計和工程監造的過程中，若不把二次元的平面圖稿轉換成三次元的立體表現，很多時候很難讓人理解設計的基本構想。以家具為例，譬如凹凸的取捨、材料的好壞、木頭紋理的方向等等細部設計，不畫成立體圖案而光靠平面圖，而看的人既不容易想像、也可能誤解意思。而不擅長畫圖的人就更不用說，想用一張透視圖表達意思，結果往往更會把人搞得一頭霧水，不知道他究竟說的是什麼、要的又是什麼。

∷ 活用正投影／等角投影

這種情況，就是正投影和等角投影出場的時候了。

　　其實用這種投影法繪圖的方法非常單純。先設定好 X、Y、Z 三個軸向，①每一個軸向上的線段永遠是平行的，②每一個軸向上線段的長度都代表實際的長度。規則就這麼簡單。

　　至於正投影／等角投影投影法的具體畫法，請參考以下的說明。

用投影法畫出1公分大小的正立方體

首先，將垂直方向的那條軸線設定為 Z 軸。X 軸和 Y 軸呈 120 度角，但不必太拘泥這個角度，稍微有點誤差並不會造成太大的影響。

在正投影透視圖裡，所有的線段都必須與這三條軸線的其中一條平行。以下圖來說，X 1、X 2、X 3 三個邊，Y 1、Y 2、Y 3 三個邊，Z 1、Z 2、Z 4 三個邊，各自都必須與 X、Y、Z 軸平行。另外，在正投影透視圖裡，因為每一條與軸線平行線段的長度都必須是實長，因此假若比例是 1/10，各邊都相當於 10 公分。如此畫出來的就是一個正立方體了。

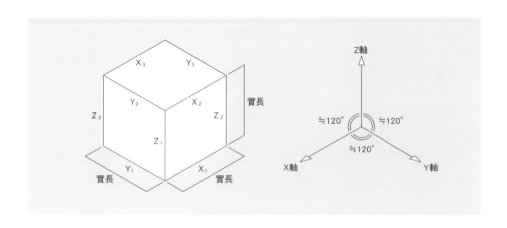

正投影／等角投影投影法因為是一種繪圖的規則，因此畫出來的至少會是一張尺寸正確的示意圖。而用這種方法畫出來的圖稿，又因為重視三次元或三個軸的結構，因此可以說是一種平面圖稿的延伸，有別於一般的圖稿。譬如安野光雅的《旅行繪本》和山口晃的一系列作品，都是用這種投影法所畫成的，風格上一看就知道不同於傳統的畫風。

用正投影／等角投影法的圖稿來表現材料選配，是最容易讓人理解的。因此，它也是每一家事務所內討論細節時，最重要的一種表現方式。當我們在畫透視圖時，往往必須先取景、決定圖畫的視角，但是使用正投影／等角投影法，因為各個方向是不變的，所以無需取景，從任何一個視角都很容易下手。而且可以只畫出需要的部分，而省略不必要的部分。換言之，不會畫透視圖的人不妨就從正投影／等角投影開始練習製圖。

7. 透過「逛街」來訓練觀察力

把街上的建築物視為設計案例

最後一個你必須養成的習慣是觀看建築的角度。面對滿街的建築，你必須有意識地把它們視為某個人所設計的「建築物」去觀察，而不是傻呼呼地看著一間又一間的房子。這些建築物肯定有好有壞，但是**一旦你意識到它們是「建築物」時，街上每一棟建築都將成為提升設計能力的案例參考。**

此外，在網路上看建築時，所接收到的訊息量完全有別於實際身歷其境的臨場感。所以只要時間充裕，不妨親自去現場體驗。我認為這一點也是新手建築師必須養成的習慣。如果你平常設計的是住宅，不妨多去看看人家設計的樣品屋或實品屋。如果你平常設計的大多是商業建築，可以多逛逛店面。勤於走動與否，會直接影響到你設計的好壞。

走在街上該看些什麼、要怎麼看？

走在街上，建議你用三種不同的「尺度」去觀察建築。

第一種是用宏觀的視角去觀察建築物四周的環境。記得要同時思考正負兩面的影響。譬如這個環境的魅力何在？有什麼樣的問題？

第二種是用微觀的視角去觀察建築物本身的細節。請仔細地觀察建築，譬如它使用了哪些素材？採用怎麼樣的組合方式？是什麼樣的使用者在使用這個建築？

最後一種是觀察建築本身和街區之間的關係。請細細地體會，這棟建築為街區帶來了怎麼樣的改變？而街區又對建築物造成了怎麼樣的影響？

　　經過①以宏觀視角觀察環境（或城市），②以微觀視角觀察建築本身，③體會兩者之間的關係等三種不同的視野，相信在你腦海裡一定會逐漸浮現出眼前這棟建築物所具有的「意義與價值」。

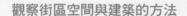

觀察街區空間與建築的方法

> **①以宏觀的角度觀察環境**
> （這個環境的魅力何在？對環境造成了哪些影響？）

＋

> **②以微觀的角度觀察建築本身**
> （使用了哪些素材？用途是什麼？）

＋

> **③體會兩者之間的關係**
> （建築物與街區彼此產生了怎麼樣的影響？）

**腦海裡浮現出建築物
存在的意義與價值**

接下來請實際走入街區進行具體的觀察。這裡我以埼玉縣西南部一個城市，川越市的老街為例。

①以宏觀視角來觀察環境

先觀察這處老街究竟有哪些「魅力和問題點」。走進老街，會立刻發現馬路的兩旁蓋滿了外型厚重的藏造屋（倉庫型住宅），為整條老街形塑出一種極具特色的氛圍。加上電線桿全面地下化了，給人一種清爽通透之感。這就是它有別於一般街區的特殊魅力。

然而，路上車流量大，對步行者來說比較不受到保護。這就是此處最大的問題點。

②以微觀視角來觀察建築本身

接下來觀察建築本身。清一色都是鋪瓦的雙坡屋頂，而且出入口都設在屋

①川越市老街的街景

頂斜面其中一面的下方。灰泥牆有黑有白，設計的方式參差不齊，缺乏整體感，但是卻形成了相當有趣的節奏。

③體會宏觀與微觀兩者之間的關係

一旦將焦點移向建築物與老街的關係，又會立刻發現每一棟建築的一樓正面都是入口寬敞的店家，這顯然是為了吸引大街上來往行人而設計的，也難怪整條街會如此熱鬧。

每一棟建築等於都作為街道的骨架、為整條老街做出了貢獻，才可能形成這樣別具整體感的魅力。也因此，無論是誰打算要在老街上蓋房子，在屋頂的造形、採用的素材、吸引行人的設計上，都會別無選擇地承襲鄰居的建造方式。

經過這一連串從宏觀→微觀→兩者關係的觀察與體會之後，很自然地就會對建築物產生更深的認識與理解。

②川越市老街的屋頂和灰泥牆

③川越市老街的一樓店面

● 從微觀的角度向下深掘

　　用前面②的微觀角度觀察建築時，如果在觀察素材「細節」同時，也能夠一併想像它們「形式上的意義」和「設計方式」，會產生更多新發現。例如下圖這個空調機的格柵罩。

　　從「形式上的意義」來觀察它時，會讓人這麼猜想：「設計師之所以會在空調機上加上這麼一個大間距的格柵罩，目的大概是為了減少家用掛壁式空調機對整體空間造成的突兀感。而空調機的濾網必須定期清洗，清洗時必須先取下格柵罩，那麼這個格柵罩的格柵和它的側板應該是各自獨立的才對。」

在實品屋看到的空調格柵罩

　　當我們思考它的「設計方式」時，則會推測，「取下格柵時，應該會造成側板的晃動，所以側板的一部分應該是藏在牆壁裡的。而側板和格柵之間，也應該設置了一對便於拆裝、類似卡扣的小五金。」

　　經過這樣對造形意義與作法的猜想和推測，不僅會產生許多新的發現，也會對建築物建立起更深的認識與理解。

從微觀視角進一步深掘
思考空調機格柵罩的形式意義與作法

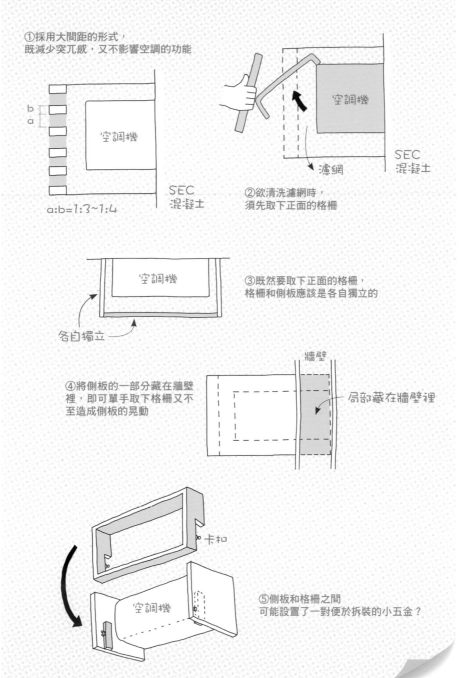

①採用大間距的形式，
既減少突兀感，又不影響空調的功能

空調機

b
a

SEC
混凝土

a:b=1:3~1:4

空調機

濾網

SEC
混凝土

②欲清洗濾網時，
須先取下正面的格柵

空調機

各自獨立

③既然要取下正面的格柵，
格柵和側板應該是各自獨立的

牆壁

④將側板的一部分藏在牆壁
裡，即可單手取下格柵又不
至造成側板的晃動

局部藏在牆壁裡

卡扣

空調機

⑤側板和格柵之間
可能設置了一對便於拆裝的小五金？

思考「要是我的話，我會怎麼做？」

再追加一個加深理解建築的技巧：**思考一下，如果我是這棟建築的設計師，我會怎麼做？**意思就是，在你散步、吃飯的同時，不斷在腦子裡設計你所看到的建築物。不需要從零開始，只要從你所看到的建築物中，找出特別吸引你的部分，嘗試局部裝修、改造的方法即可。

一旦習慣站在建築師的立場思考，久而久之，自然會懂得判斷建築的好壞。當你在腦海裡完成設計之後，也不妨透過建築雜誌試著暸解一下那位建築師實際的設計概念，比較一下你和他的理念是否一致，或者各有哪些優缺點等，也等於是一種發想設計概念的訓練。

在公共空間、商店、餐廳裡觀察「人」

走在街上的時候，另一個值得觀察的是「人」。一般我們在報章雜誌或網路上看到的建築照片，大多是沒有人的，所以我們很難想像人們如何使用建築物。因此當你有機會進入某個公共空間、商店或餐廳，**可以藉由觀察那裡人們的動態，獲取更多新的發現**。譬如觀察人們實際都在哪裡做些什麼？為什麼會停留在那裡？經過實際的體驗，你可能會立刻意識或感受到它的好壞或者方便性。這時候，不妨也思考一下，自己之所以會感覺舒適或者不舒服的原因。

定期參訪建築專業展覽館和建築村

當然，可別只是在街上亂逛，**更重要的，平時也要多給自己製造些參觀美術館、看電影等等接觸藝術的機會**。最起碼的，要定期逛逛建築專業的展覽館。譬如「GA展覽館」（GA Gallery）和「間美術館」（Gallery MA），就是經常舉辦新手建築師必訪之企畫展的兩大館舍。

此外，還有前川國男宅邸所在地「江戶東京建築園」、固定展出各個時代傳統民家建築的「日本民家園」、法蘭克・洛伊・萊特（Frank Lloyd Wright）設計之舊帝國飯店所在地犬山市的「明治村」，展示的全是實體建築。這幾個景點也請務必親自去一探究竟。

平日忙於建築業務，很容易被工作給吞噬、一不小心視野就變得狹隘。透過參訪名勝古跡，既可以給自己一點喘息的機會、調整一下心情，又能暫時遠離辦公室，接觸一下實體建築，為自己的設計工作注入新的活力，豈不是兩全其美？

值得前往的建築景點
- GA展覽館
- 間美術館
- 江戶東京建築園
- 明治村
- 川崎市立日本民家園
- 東京代官山Hillside Terrace建築群
- 日本國立代代木競技場與表參道建築群

明治村（帝國飯店中央玄關，由萊特所設計）

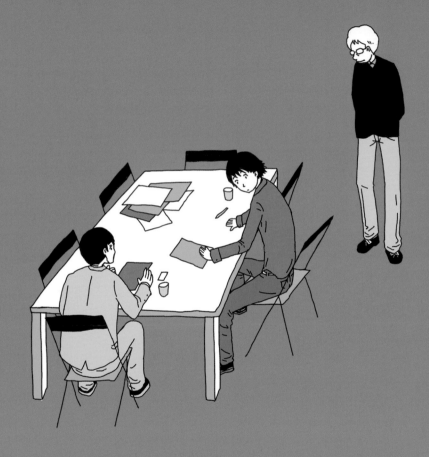

CHAPTER *2*

讓人覺得「你可以！」
的事務所工作法

本章中，將介紹幾個在事務所內的工作技巧。
當然，剛進一家建築師事務所，所負責的應該都是些近乎雜務的瑣事，
不過在這一章裡將為你說明，怎麼樣的工作態度能讓你學到更多又樂在其中；
以及怎麼樣的做法更能取得事務所領導人與上司的信任。

1. 思考「如果我是老闆的話……」

⋮ 獨立創業時一切都得自己來

剛進入一家建築師事務所上班，千萬別妄想老闆會立刻讓你作設計。一開始，你的工作可能是收集資料、整理型錄、計算、申請、送審等，這些既繁瑣又花時間的雜務。**每當事務所的領導人或上司要你做這類其實你並不怎麼感興趣的雜務時，記得先把自己想像成「獨力開設建築師事務所的人」，這樣會讓你更有意願用積極的態度去面對這份工作。**

因為要是哪天一旦你成立了自己的建築師事務所，除了一連串的設計工作外，舉凡房屋貸款的資金規劃建議、土地購置的問題答覆、事務所辦公室的租賃、影印機的準備、合約書的審核、公所的業務諮詢等，大大小小的事務都必須要自己來。

要知道，就算只看設計方面的工作，建築設計也絕不是一個凡事都得聽老闆的一言堂職業。我們還必須聽業主的，因為有些業主說不定懂得比你還多。也絕不能說，在之前上班的那家事務所，所有和「規劃」有關的都是老闆、上司的事，完全不必你插手……這類發言；因為全面的學習設計技巧是很重要的。

因此，只要你帶著「我是老闆」的態度去工作，從設計到每一件雜務，都會變成「親身學習的機會」，而不再只是「打雜工」。

一旦成立自己的事務所後，不得不做的各種雜務

一連串的設計工作　　　　　財務面的規劃建議　　　　　公所的業務諮詢

等等……

　　就以整理型錄這項瑣事來說，應該很多人都特別「排斥」接到這類缺乏創意的低端任務。以前實習的時候，我也最討厭被叫去整理型錄。然而，整理的過程中，反覆地聯絡廠商和接待跑來事務所推銷產品的廠商業務員之後，卻學到了許多和材料相關的知識。當我意識到「某個小五金說不定哪天能派上用場」後，整理型錄就成了一項讓人樂在其中的工作了。同時我也瞭解到積極接觸那些前來事務所推銷產品的業務員，也是取得日後建案中可能會用到的材料資訊的大好機會。透過整理型錄，我學會了一件事：要想完成好的設計，必須先知道有哪些好的材料。

　　一旦你把這樣一件看似簡單的任務視為**累積知識與技術的投資**，那麼不論任務是大或小，也自然都有其意義。有一天當你成立自己的事務所、自己當老闆後，也免不了得親自下海處理諸如結構計算、估價之類這些對建築師來說的麻煩事。要處裡從來沒有經驗的事當然麻煩，會排斥、抗拒也在所難免，但是你必須清楚意識到，這一切都是累積經驗的機會。如果在老闆又要你作打雜這類瑣碎業務時可以如此積極思考，不只能學到更多，也會因此得到事務所負責人和上司更多的肯定與信任。

2. 偷學建築師、事務所前輩們的拿手絕活

⦂ 學習「應對、思考、彙整」的方法

我們常聽人說所謂的「師徒制」，就是要從師父那兒「偷學技術」。因為並不是每一個師父都懂得如何教徒弟，所以做徒弟的就必須透過觀察來學習師父的「手法」或者「工序」。**在建築事務所工作也是如此。如果總是在「等人來教你」，就永遠別想學到老闆的拿手絕活。**也因此，要必須經常保持積極、主動，而且有意學習新知的心態。

在設計的領域裡，連單純只是畫一條曲線都存在著無數的技巧，並不是想教就能教想學就學得會的。

但是，「應對、思考、彙整」的方法卻是我們可以立刻學會的。所以請把偷學功夫的焦點集中在設計前提和條件的整理、與業主的應對、細節的整合、資金的分配、更具說服力的表達等這些值得你學習的「行事風格」上。

不過真要你現在「看到就學」，實踐起來可不那麼容易，所以我整理了幾個必須特別留意的重點。

偷學技術的技巧

1. 一起工作時，觀察「安排時間」的方法

事務所負責人和前輩們的工作內容其實比你還要多得多，而他們之所以能夠遊刃有餘，除了因為能力好之外，也因為他們懂得如何安排時間。比如，會為重要的事情分配出充裕的時間，而次要的事情則技巧性地跳過。所以，請先留意他們是怎麼安排時間的，習慣把多少時間分配在哪些事情上。

2. 在會議中觀察「掌握重點與解決問題」的方法

在事務所內開會時，請特別留意事務所負責人和前輩們是「如何掌握設計的條件和如何透過設計解決問題」。一旦你瞭解這些方法，肯定能大幅提升工作能力。

3. 觀察和業主接洽時的說話技巧

為了讓業主或客戶滿意，事務所負責人和前輩們在接洽時，一定會用最具說服力的方式來為對方說明。事前他們一定會準備好最完整的資料，加入一些過去的案例，提供各種功能的說明和具體的數字等。要偷學，就絕對不能錯過這類說明、解說的技巧。

4. 在工地現場實地觀察「工程監造的重點」

到了工地，事務所負責人和前輩們一定會針對設計、功能、重要或容易出錯的部位進行重點勘驗。通常他們最先檢查的，必定是工程監造的關鍵。請仔細觀察他們勘驗的重點究竟有哪些地方。

5. 適時的「提問」有助於提升偷學的效率

只要經常觀察事務所負責人和前輩們的工作動態，你一定會在心裡冒出「為什麼他們會非這麼做不可？」這樣的疑問。這時，千萬別把問題悶在心裡，要找機會向他們直接請益。適時的提問有助於提升你學習的效率，也能加速個人的成長。

∶ 不錯放任何細節

不過話説回來，我建議在實習階段要多「偷學」一些的是「細節」。每一個細節的設計，不僅牽涉到建築師本身的設計功力，更和材料本身的特性、工序，以及對業主需求瞭解的程度有關。遺憾的是，這類細節幾乎都不是那

偷學細節的技巧

1. 外部開口

開口是表現建築設計美感時最重要的一大元素，但是因為等於是在牆壁上打洞，一不小心就會變成結構上的弱點。因此仔細觀察建築師或事務所前輩們是如何製造美感的同時，也請留意並且仔細瞭解他們究竟如何達致防水、斷熱、氣密、隔音、耐風壓、防火、防盜等必要功能。

2. 內部開口

在內部開口方面，門窗則是內部裝潢時最重要的關鍵；但要確保長期使用也仍能流暢開闔則需要工夫。請留意門窗所有的細部設計，除了比較容易觀察的外框和門板之外，也必須觀察把手或隱藏式把手、軌道、鎖頭、小五金等等細節。另外也別忽略門框和踢腳板之間的關係。

3. 樓梯、扶手／欄杆、雨遮

觀察樓梯、扶手／欄杆和雨遮的細節時，請同時留意它們的創意和結構。設計這些地方時如果只注意到強度問題，往往會帶給人相當厚重的印象，但是倘若兼顧到材料選配和施作手法，就能呈現出極為輕盈的設計。而這也正是值得你觀察的重點。

4. 屋頂的正面與兩側屋簷

請留意屋頂端部的設計細節，因為端部的細節會直接影響到外觀給人的印象。除了本身的設計感之外，也必須顧及隔熱、氣密、防水、通風等功能需求。在技術上最困難的還是屋頂的「通風處理」，這部分務必要仔細地觀察。

種「讀幾本書」就能設想到的，所以請務必趁著還是新人的階段，好好跟著經驗老到的建築師和前輩們，一邊探問他們如何思考，然後把他們的思路消化並納為己有。以下提出幾個特別值得你留意的、關於細節的觀察重點。

5. 女兒牆

建物的頂樓需要施作防水工程時，請留意女兒牆的細節。譬如有無裝設壓頂板、防水厚度、邊緣的施作、防水層的保護等部分，都會大大影響到防水的效果和整體的設計感，所以當然也是觀察的重點。

6. 訂製家具

由建築師事務所規劃的案件，常會出現一些特別訂製的家具。請仔細觀察這些家具的設計圖，包括材料的選擇、尺寸的拿捏、採用的小五金、電器用品的擺設等。

7. 地板、牆角、天花板邊緣的標準斷面

即便是非常普通的一間平房，也請留意地板和天花板的邊緣，還有牆角的細部設計。因為針對不同素材、處理方式也有所不同，這部分務必要仔細觀察。

3. 讓老闆刮目相看的 「波菜法則」

徹底做到「報告、聯絡、商量」① 安全、性能和經費問題

　　身為建築師事務所的一員，哪些訊息該告知事務所負責人或上司也非常重要，亦即所謂「波菜法則」*。事務所接到訂單，通常出面和業主簽約的大多是事務所的負責人。就算這個案子是由某一位業務負責人負責接洽，合約上寫的也不會是他的名字。因此，業務負責人凡事都必須將設計與監造的工作內容，向真正須負全責的事務所負責人或上司報告、聯絡、商量。

*「波菜法則」源自日語的報告、聯絡、商量三個詞（報告〔ほうこく〕、連絡〔れんらく〕、相談〔そうだん〕）第一個漢字的發音（ほうれんそう）正好是日語波菜(ホウレンソウ)的發音而得名。（譯註）

必須向事務所負責人報告、聯絡、商量的事項

1. 安全上特別需要留意的事項

安全問題上最需要留意的是預防墜落事件。譬如可能因為某些設計的理由，而打算採用間距較大（或可能不夠穩固）的扶手、位置較低的窗口時，務必要根據同仁→事務所負責人→業主的順序，提出報告。業主若主動提出了安全需求，也務必要和事務所負責人商量，找出具體對策。

2. 性能上特別需要留意的事項

性能方面尤其需要留意漏雨問題。當你計畫採用天窗、有水平凹陷的屋頂、低矮的女兒牆等特別容易造成漏雨的細節設計時，也務必要和負責人商量，並且再三確認防漏工程是否完善。

3. 經費上特別需要留意的事項

經費方面特別要注意的是過程中的設計變更。當你打算配合業主的需求做適度變更時，在變更設計之前務必要掌握一個大原則：告知業主「金額」之後再行變更。

特別像是和安全、性能、經費有關的問題，最容易造成事務所與業主之間的齟齬，因此一定要和事務所負責人報告並商榷。而且請記得盡量由負責人出面向業主說明，不要居中傳話。

而當和業主之間發生安全、性能、經費方面的爭議時，最糟的情況就是對簿公堂。齟齬一旦發生，就算建築設計得再好，也等於不及格。總而言之，心裡的任何一點掛慮，都要盡速向事務所回報，並且商量出因應的方案。

⦂徹底做到「報告、聯絡、商量」② 設計的關鍵點

設計方面同樣也必須按照「菠菜法則」來處置。不論你覺得自己設計的功力有多高，**建築設計的工作畢竟是團隊合作，遇到任何和設計有關的「關鍵點」時，都該找人商量，切忌獨斷獨行。**當事務所負責人很忙時，你當然不可能凡事都向他報告，這些時候可能必須請專案負責人判斷哪些是非得回報不可的事項。只要能掌握這些關鍵點，即使是超大型的建築專案，也一樣能整合出最好的設計方案。相反的，要是抓錯了重點，即便是一間小小的住屋專案，也可能釀成大錯。**換言之，要說「抓準商量重點」的能力即是設計能力的一部分，其實一點也不為過。**

絕大多數的設計關鍵點都出現在建築的端部，所以請務必特別留意，並且盡量做好譬如開口、邊緣和樓梯等處的確認。

另外，如果在你的上頭，除了事務所負責人之外還有其他上司的話，那麼包括事務所內一些特別在意的點在內，最好在找負責人商量之前先聽聽上司的意見。

結構體的顏色

天花板的陽角

窗框的顏色

家具的細節

設計的關鍵點

商量設計選樣的方法

即使是事務所的負責人，也不可能單獨掌握事務所內的所有業務內容，所以突然要他挑選某一個單元的顏色或細節設計，他肯定無法立刻做出正確的決策。因此**要請負責人決策時，一定要先讓他瞭解設計的背景和大致情況。**

譬如廚房磁磚的挑選，如果只拿著幾片磁磚，問負責人「該選哪一個？」你就是個失職的員工。因為單憑幾片磁磚，我們頂多只能説出自己的喜好，根本無從判斷適不適合實際的設計。換言之，這時候你應該先準備好足以供人挑選的狀況，好比説把要貼磁磚的牆壁和牆壁週邊的地板、牆面、天花板、踢腳板、家具等部位的實際材料匯集起來，並且在圖稿和模型塗上已經確認的顏色，一併交由負責人做最後決策。

在開始討論之前，也請事先準備好自己認為最好的方案，以及你的方案所依據的過去案例的圖稿或相片。就算最後意見未被採納，因為是新人依據年輕的感性所思考的細節和選色，多少都會成為事務所負責人的參考，甚至成為他未來決策的重要依據。

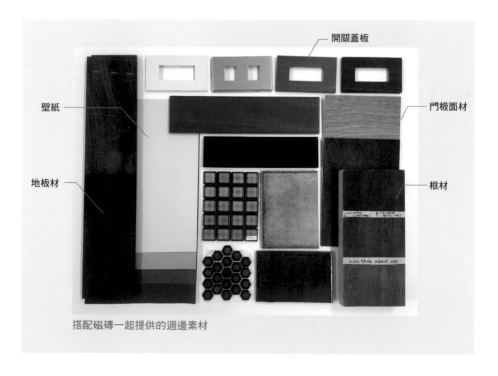

開關蓋板

壁紙

門板面材

地板材

框材

搭配磁磚一起提供的週邊素材

4. 讓人一目瞭然的 工作事項聯絡區分法

⦂ 電話與電子郵件的聰明區分法

　　這一節，我想整理一下建築師事務所在對外與業主和施工單位聯繫時，值得你留意的幾個重點。

　　目前對外聯繫的管道，絕大部分的人都很習慣使用電話、傳真或電子郵件。不過建築師事務所所處理的訊息，因為大多屬於較具專業性、而且是相對抽象的設計概念或理念，因此若真要用電子郵件表達清楚，恐怕不是三言兩語所能道盡。當然，為了避免造成不必要的誤會，留下文字或許有其必要，但是有一個不爭的事實：長篇的郵件對寄件人和收件人來說，都很耗費時間，結果反而更容易導致彼此都掉以輕心、忽略了事情重點的情況。

　　為了避免這樣的情況發生，最好的方式就是改用電話溝通。尤其是在分秒必爭的工地現場，**一些較為複雜的狀況，最好以電話聯繫為宜**。另外如必須交換的內容資訊量較大時、或者較容易誤解的事項上，也請以電話聯繫，並將討論的結論和確認事項以電子郵件寄出作為確認。

　　下一頁將條列出適合用電子郵件處理的事項，以及適合用電話處理的事項。不妨把它當作實際工作中的參考。

適合用電話處理的事項v.s.適合用電子郵件處理的事項

電話

- 經常性的業務聯繫
- 抽象內容的聯繫或討論
- 為了釐清選項的討論
- 較為緊急的事項確認
- 決定方向或目標的討論
- 欲說服業主時的聯繫
- 電子郵件中的圖面與資料說明
- 指示與調整相關事項的說明

電子郵件

- 業主上班時間的業務聯繫
- 和工程期程有關的聯絡
- 和安全、功能、經費相關事務的聯繫或討論
- 圖稿或資料的寄送（PDF之類的檔案）
- 事務所網站的介紹
- 施工圖的寄送與確認（傳真亦可）
- 收尾方式與樣式等事項的決定回報與確認

⋮重要的郵件切勿CC了事

　　使用電子郵件時還有一點必須小心。很多人習慣用CC（副本抄送）的方式回報負責人或上司。要知道，你的上司每天處理的郵件可能是你的好幾倍，所以我建議，**重要的事項在以電子郵件CC之後，最好能再以口頭的方式向上司報告一次。**

5. 有效實現團隊合作設計的七大法則

⦙ 認識團隊合作的規則

就算只是一棟小小的木造房屋，再小的案子只要是由一個人單獨負責設計和監造，也會意外辛苦。我的事務所通常都是以三個人為一個團隊，共同負責一項專案。但是如果彼此的默契不夠，不只作圖會耗費更長的時間，有些時候甚至得重新來過。所以**團隊合作時，製圖一定得遵循製圖的規則。**而且案子越大，規則越需要嚴格遵守。

①以「紙張圖稿」共享資料

存在電腦裡的圖檔很難真正與人共享，也無法讓事務所的同仁快速地掌握圖稿的全貌，因此當由兩個人以上的人數共同作業時，一定要嚴格遵守「印出最新的圖稿，並且放置在一個固定的位置」這規則。

把圖稿放在固定位置，在過去只有手繪圖稿的年代裡是理所當然的做法，但是後來有了CAD，很多人都忘了這樣做的用意。

單單是在伺服器電腦裡開一個共享資料夾、然後把圖檔存放在裡頭，其實並不符合資料共享的實際需要。唯有把所有的圖檔列印出來，才可能一併讓團隊之外的人（譬如事務所負責人、助理或實習生）在最短的時間內掌握全局，一字一句地詳細檢查圖中的文字。總之，請養成習慣，把最新的圖檔列印在A3大小的紙張上。

②好好備份檔案

請務必做好檔案的備份。團隊合作最常出現的狀況，就是一個不小心有人把檔案給覆蓋存檔了。在我的事務所裡，大家平常習慣以兩個名稱相近的檔案，譬如用「檔案001、檔案001備份」的形式，做為原始檔和備份檔的區別，並且一起儲存在「成品」資料夾裡。

當有人要修改這個檔案時，必須先將檔案搬移到另一個「舊檔」資料夾裡，然後再把他剛才修改自檔案001後所完成的「檔案002」存入成品資料夾裡，並且同樣保存一份「檔案002備份」。也就是說，成品資料夾裡永遠只會存放著一組最新的檔案。在案子結束後，還會把成品檔和所有的舊檔一併備份到另一個最安全穩定的硬碟裡。

③特別留意圖稿資料的複製

絕大多數的情況，設計圖稿的錯誤都是因為複製了其他專案的圖稿所造成的。 所以當你為求省事而用複製的方式作圖時，完成之後，務必要盡快列印，然後拿著簽字筆一一檢查圖稿上所有的文字和數字。

特別要留意的是文字較多的各個項目規格書和剖面圖。因為即便只是弄錯了一個斷熱材的厚度，都可能影響到整個工程的成本和性能。

要是在完工之後才發現無法滿足原訂需求的錯誤，說不定連牆壁或地板都得打掉重建。總之，建築設計的工作，就算只是一兩個字的誤植，都可能影響到整體工程的進度，請務必特別留意。

④以「沒有絕對無誤的圖稿」的態度檢查圖稿

檢查圖稿的時候，請永遠記得「再細心的人一樣可能出錯」這句話。也**請永遠記得，完成度越高的圖稿，越可能出現事前完全料想不到的單純錯誤。**因為越是認為理所當然，重大錯誤就越可能發生。

記得有個營造公司的老闆曾經這樣說過，他年輕的時候因為弄錯了方位，而把基地做成了南北顛倒，最後只好摸摸鼻子整個打掉重做。這聽起來像是個笑話，可是如果你聽說過曾經真實發生過建築師事務所在圖面上忘了把北方朝上的案例，肯定會以此為鑑，不敢再掉以輕心。

有些時候，我們會因為一個簡單的錯誤，而造成「圖稿自相矛盾」的情形。譬如平面圖上明明是間十六坪、格局方正的建築，剖面圖上的立面卻是五坪寬，會叫人不知所措，不知道該相信哪一個。

平面和剖面的自相矛盾是學生作圖時最常出現的錯誤，不過可千萬別忘了，在設計實務和施工過程中要是出現這樣的錯誤，可就前功盡棄了。

⑤盡快完成第一案，別怕白費功夫

實務中的作圖也是分秒必爭的。不論任何時候，都請養成儘速完成的習慣。一間小住宅內外觀的第一案，我大概會在一至兩天內完成。因為要是不用這樣的速度作圖，一年內要能完成五至六間的房屋設計根本是不可能的。

若無法在預定的時間內提出成果就不及格，即便圖稿只是暫時性的，也會因為具體看到成果而能知道下一步該做什麼。所以，不要想太多，只管把過去的案例擺在一旁，先把眼前這個方案搞定再說。在聽取了對第一案的意見之後，再進行改良，做出第二案。設計第二案的時間應該頂多只要第一案的一半，因為你已經在腦子裡經過一次整理。另外，1/100的草圖和樓梯、家具之類的詳圖，請盡量畫成三視圖。完成三視圖之後，不僅能清楚地掌握建築立體的格局，更可以讓你以最快的速度完成模型。每一次都畫出三視圖，就自然能訓練出立體思考的習慣，從而也會自然養成在繪圖的同時想像立體空間的習慣。

⑥優先完成老闆的方案

當你收到事務所負責人的草圖或他口頭上的指示時，不用懷疑，請立刻完成負責人的方案。

負責人的草圖和指示一定是經過他深思熟慮後得出的結論，如果沒有按照指示來畫，只會把整個計畫攪亂。建築師事務所的工作靠的是團隊合作，遵照指示作圖，效率永遠會是最高的。所以不論如何，都要在老闆指示的範圍內，一面思考怎麼做最好、一邊完成設計圖。

⑦**建築設計就是堅持修正，直到找不到問題為止**

假設情況正好和前述的規則相反，你在負責人的方案裡發現了一個基本錯誤，而且認為他的方案確實有修正的必要，這時候請不用懷疑，立刻告知負責人，並且當面提出你的修正建議。因為畢竟設計本身就具有無限延伸的特性，即便在一定的經費考量下，也一樣存在著無數的可能性。

要修正一個計畫案，恐怕比從無到有的設計更需要高度的專業知識和豐富的經驗。所以一般來說，你的提案並不會被事務所負責人採納。可是通常只要發現問題、並試著提出解決的方法，便會成為自己的實力，就算提案未被採納，你仍舊可以透過這次機會思考和負責人不一樣的解決辦法。

一旦進入工地現場作業，往往就會被工程進度追得團團轉；又因為注意力完全集中在整體進度上，而常會感覺分身乏術。然而，在工地的現場內，任何一點細節的變更，都可能改變整體設計給人的印象。為此，**即便最後負責人還是採用了他自己的修正方法，你仍舊必須堅持這個尋找問題的習慣，直到你找不出問題為止。**只因為唯有堅持不懈，才可能設計出真正令人滿意的建築作品。

6. 與時間賽跑的 工作進度安排技巧

時間管理的基本概念

只要時間充裕，設計是一項可以無止盡地修正、改善下去的工作，然而，建築師事務所的設計工作必須根據最初約定好的設計費來進行，卻是一個不爭的事實。換一個說法就是，建案越花時間，越可能造成赤字，讓事務所付不出員工的薪水。也正因如此，建築師事務所經常都在跟時間賽跑。

一般來說，事務所內長期的計劃大多是由負責人負責安排的，而短期的計劃，譬如一週、一日的工作，則是由員工自行分配。也就是說，員工個人倘若未能在一定時間內達成目標，將會影響到事務所內的整體進度安排。因此，掌握時間對員工來說也是工作中的一大重點。

先想好成品輸出的時間點

不論是什麼樣的任務，在正式開始作業之前，請務必先想好成品輸出的時間點。有時候很可能會因為這個時間點，而改變實際作業的內容。好比說假設有兩天的時間，也許你可以完成一張剖面圖，但是如果時間只有兩個小時，你只能手繪出一張草圖，然後加上尺寸。

若是團隊合作的任務，作業時則必須盡量避免讓某位成員成為團隊整體的障礙。任務進行時，很可能會遇到人力不足、或者大部分工作集中在一位成員身上的情況，這時候，你可以選擇主動支援那位同事，也可以建議負責人重新調配人力。

瞭解長期的工期進度

　　為了能夠預估作業的時間，首先你必須把工程監造的完整進度計劃放進腦子裡。**建築工程監造的工作大多需要較長的時間，即使是一棟小房子，完整的工期至少也要十個月。**一般的工期進度安排是，建築外型和窗口的基本設計為期三個月，各部位的外觀收尾和器材、家具等細節設計為期兩個月，施工與安裝則為期五個月。

　　若設計的是一般住宅，業主搬家的時間大多會訂在年度終期（以便小孩轉學和租稅申報）、年終（以便申報固定資產稅），或是其他時間（為了租屋換約或者房屋貸款繳納）。這部分則必須在事前聽取業主的想法，瞭解一下可能發生的問題有哪些。

　　施工的工期當然也會因為施工單位的人力分配而改變，不過大多因為一定會遇到過年，因此自建住宅的情況，把工期設為半年是最安全的。

　　有些業主可能會提出我們根本無法辦到的進度需求。勉強為之的工程不僅會造成設計品質的下降，還可能降低施工的品質。而且若是沒有充裕的時間，也可能降低議價的空間。這時候最好還是清楚告知業主最安全的工期安排以供參考。

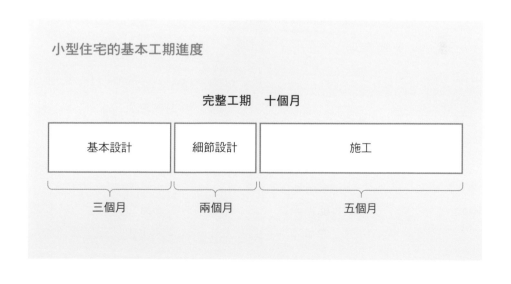

小型住宅的基本工期進度

完整工期　十個月

基本設計	細節設計	施工
三個月	兩個月	五個月

設計進度的重點

　　本節中我整理了一些在管理進度上，建議你放在腦子裡的幾個項目。如果你忘了下一頁的這些項目，進度安排可能輕則延誤幾個星期、重則拖延到好幾個月。為了避免記錄在合約書上的工期淪為畫大餅的窘境，在簽署設計監造的合約之前，請務必記得先行諮詢政府有關單位，以及聽取業主的需求，彙整資訊做出最適切的工期進度。

可能影響進度安排的項目

1. 室內格局的討論

在設計的階段，最容易影響到工期進度的，就是討論室內格局的時間。如果你打算幾個案子同時進行，最好從一開始就刻意把這段時間拉大，以免屆時措手不及。

2. 相關的送審與申請

向公所或勘驗的主管機關提出的各類送審和申請的時程進度，也需要特別留意。有些審核可能需要數個月不等。專案負責人務必要仔細諮詢有關單位，瞭解實際的狀況，並且一定要告知業主和事務所負責人。

尤其必須特別注意的是，在建照申請之外的其他各項審核。在日本，有些土地在申請建照之前，可能還必須完成諸如區域計畫、土地區劃整理法七十六條、都市計劃法五十三條、狹窄巷弄、風景區、山崖條例、中高層建築、古物遺址的提報審核。另外若要申請為長期優良住宅、低炭住宅、三十五年固定利率貸款適用住宅等，也都需要一定的審核時間。

3. 相關的估價

估價的時程，譬如打算找三家公司進行比價時，也必須考量到估價所需時間。估價的時間建議原則上安排在建照申請之前。因為要是估價結果超出預算，可能就得變更建造的規模、配置、窗口的位置和大小等等，也就必須再一次去申請計劃變更。

4. 動土與上樑儀式

進入了施工階段，則必須留意業主可能要求的動土和上樑儀式。在動土儀式之前勢必無法施工，若是遇上週末或凶日，有些時候工程可能會以半個月為單位向後展延。若是業主要求配合住在鄉下的父母親前來的時間，展延的幅度還可能更大。上樑儀式則會因為是否宴客或要不要避開平日，而必須調整施工進度。

5. 交屋事宜

接近交屋之前，必須留意業主戶籍的遷移、房屋的驗收、房貸的撥款、搬遷的準備等等事宜。還要記得在預定的交屋日之前，仔細預估和業主洽談辦理火險和相關登記所需的時間。

7: 必學：「七大類專業知識」

⦂千萬別當個只懂建築的書呆子

如果有人跟你說，「建築師就只管把建築設計學好就行！」請千萬別相信他的話。實際上，從事建築設計的工作，除了必須擁有建築方面的專業知識以外，還必須不斷地督促自己廣泛吸收各方面的知識。要知道，**建築設計原本就是一門涵蓋藝術、地理、文學、哲學等多方面知識領域的學問**。換言之，「對一切抱持著好奇心」，是對於建築師最基本的要求。

譬如單就建築週邊的業務來說，在規劃的階段，你必須知道尋找土地的途徑、資金規劃的方法和選擇營造公司（即施工單位）的門路；在設計的階段，你必須具備實際生活的基本常識，諸如洗衣、打掃、下廚之類的家事和物品收納的知識；而在交屋之後，你也還要擁有房屋修繕、庭園植栽等相關的知識。

現在的你可能會認為自己還在事務所中擔任員工，並不需要知道這麼多，但要是實際參與一場和業主討論的會議，可能會發現有同事因為能夠站在業主的角度，針對收納、家事之類雞毛蒜皮的小事提出建議，而讓客戶對他豐富的生活經驗而感佩得五體投地。

以下我整理了一些新手建築師必須知道、也理應瞭解，而且絕對足以讓業主對你刮目相看的專業知識。請務必平常就多多留意這些要點，並且積極地吸收與學習。

①有關資金規劃的基本常識

　　第一次蓋房子的人往往會把建造的預算訂得太低。這時候你不妨把仲介、拆除、水電配管申請等和土地使用相關的費用，保證金、火險保費、房貸壽險等和貸款相關的費用，地質改良、防火門窗、空調、窗簾、視線遮蔽與外構等和建築物相關的費用，以及其他諸如登記、稅金等等的雜項費用，連同建築設計費一併作成表格供業主參考。若是自建住宅，也請記得建議業主預先準備一筆短期周轉金，以利不時之需。建築師事務所若能提供這樣周到的服務，業主便可省下不少舟車勞動，不必為了這些細節專程跑去找代書或地產公司諮詢了。

②有關尋找土地的基本常識

　　建築師事務所也常會遇到一些前來詢問如何購買土地的業主。這類業主通常最大的擔憂，就是怕買了土地後卻沒錢蓋房子。針對這樣的業主，首先你必須讓他們瞭解該預留多少預算。其次則是提醒業主，倘若這塊土地的四周必須額外興建擋土牆、或土地上已經建有房屋、抑或房屋本身尚未申請水電瓦斯等設施、甚至必須另行規劃防火計劃等等，就還必須再多預留數十萬至數百萬日圓的追加預算。

　　要是業主找到的土地不只一筆，則不妨提出一般非建築專業人員無法設想到的數據和建議，譬如這些土地所能建造的空間大小，目前能預想到一些問題（諸如日照狀況、土地地質、可否設置停車場、隱私保護等等），以及克服這些問題的方法。

　　倘若你擁有這類和土地相關的知識，肯定會大大提高你之後接到案子的機率。此外，也許現在的你仍可能做出錯誤的評估，但是千萬記得，永遠別輕易說出「這我不懂，因為這不是我的專業」這種話。

③挑選營造公司的方法

　　再完美的設計，建築物的建造品質，還必須仰賴實際的施作者。就算營造公司的選擇與簽約是業主的事，但是業主仍會期待建築師能提供建議。

　　因此，**聽取業主的需求之後，不妨先推薦幾家營造公司給他們。**若是基地的所在地並沒有你熟識的施工單位，也不妨在仔細聽取需求之後，主動向缺乏專業知識的業主一一說明如營造公司在結構斷熱方面的基本想法、訂製家具和門窗的處理方式、現場監工人員的人數、施作工人的合約、施工圖的製作、估價方法等等。

④有關機電與家用設備的基本常識

　　若設計的是一般住宅，通常最基本的機電設計大多會由建築師負責，因此你也必須具備和機電與家用設備相關的基本常識，譬如電路的主要管線、電話和網路系統的配管等等。除此之外，也有必要跟上時代，掌握時下最常見的電機新知。

　　譬如有線電視或光纖網路電視的線路安排，是否必須預留無線網路電視的管線，該如何使用HDMI線連結電視機和DVD，該選購多少APF（全年能源效率值，亦即空調機的效能指標）的空調機，空調機的配管該外露或隱藏，對講機是否該選擇可以連接上智慧型手機的機種，燈具是否選擇LED燈等等。這方面的常識多如牛毛，說也說不完。不過總之一句話，**一些也許只有家電控才知道的資訊，你最好多少都要知道。**

⑤有關用水的技術新知

　　用水區域永遠是業主最關注的部分。在挑選用水區域的週邊用品時，若是由營造公司負責採購，通常只會提供譬如TOTO、LIXIL幾家知名廠牌的系統廚房、系統浴室，或者現成的洗臉台供業主挑選，但若是由建築師事務所負責，則大多會為了滿足業主的多種需求，而以專屬訂製或特別訂購的方式處理。為此，業主通常會希望事務所能夠提供他們更詳細的意見或建議做為選擇參考。

平時多多充實廚房設計的類型

　　以廚房為例，幾乎所有的業主都會問到的問題是：收納櫃設計成抽屜的優缺點、廚房櫃臺的種類、流理台或洗碗槽邊緣的形式、該選擇瓦斯爐還是電陶爐、是否應該配置洗碗機、食材儲藏室的規劃方法、料理用家電的擺設方式、洗碗機的面板形式、把手的形狀、是否該裝設鋼管層架、可否該採用宜家家居的組合式廚具等等。

　　浴室方面，最常被問及的則是系統、半系統和傳統浴室的價差、可以伸展雙腳的浴缸尺寸、不容易發霉的磁磚接縫等等。**在這些問題中，往往不乏一些高度專業的事項，因此平時你也必須多多充實這類用水相關的知識。**

烤杉木外牆

⑥有關容易沾污與保養維護的知識

對業主來說，通常都很難預料房子在日後可能會遇到的髒污和保養維護方面的問題。因此，**為了讓業主在入住之後能夠享有既舒適又省錢省事的生活，推薦建材提供選擇時，你不妨把眼光放得更久遠一些。**

譬如一般最常見的窯業系外牆壁板（以水泥為主要原料的板狀乾式外壁材），由於它的縱向接縫帶較容易斷裂，一般每隔十年就得更換一次。而且在更換接縫帶時，又會發現壁板已經沾染了許多髒污，表面還會出現粉化的現象，看到一層薄薄的粉狀物。所以一般建造後第十年就會需要搭起鷹架為外牆全面重新塗裝。

不過要是採用鍍鋁鋅鋼板做為外牆，既無接縫、也不吸水，因此不會產生類似的劣化現象，即使建造後二十年也無需任何保養。若採用木質外牆──譬如烤杉木板就是一種相當容易受損的材質，採用這種外壁材時，最好能在牆面上方加上屋簷做為保護，以提升它的耐久性。一旦你向業主做了類似這樣的說明，相信業主一定會更知道該如何選材。

其他譬如室內牆壁的下方若未裝設踢腳板，牆面會非常容易留下吸塵器碰撞的痕跡，突出的牆角若未加裝特殊的保護層也很容易受損，不同的塗裝也會直接影響到沾污情況有所不同等等，這些事項若事前就能讓業主瞭解，業主在使用時一定也會特別留意。

⑦有關外構設計的知識

外構（包括建物外圍的地面鋪裝、庭園植栽、籬笆、大門等等的設施）會直接影響到房子本身給人氣派或者內斂等不同的印象。一般人大多以為這部分的設計並不屬於建築設計的範圍，實際上外構設計的重要性一點也不亞於房屋本身的設計規劃。**因此最好也能站在建築師事務所的立場，建議業主怎麼樣的外構更能襯托出住宅的美。**

如地面的鋪裝，不妨建議業主面積越小越好，並且盡可能避免過度使用曲線；樹木則以獨立的單株為基準。同時務必要記得告知業主，在屋前設置車庫或倉房，很可能會破壞掉房屋本身的外觀設計。

此外，關於該種植哪些植栽，其實未必要追逐流行而刻意選種針葉樹，亦可以栽種業主自己真正喜歡的樹種為宜。其他包括主樹、次主樹、灌木、草坪等如何選種，也都要耐心地和業主商量。至於資金方面，最好也能提醒業主，與鄰地交界的籬笆和門扇的價位通常都超乎想像地昂貴。

充滿植栽的外構

Main
Work

本篇從基地探勘到設計的技巧，
說明要成為一個獨當一面的建築師所必備的「秘技」。

PART 2

初步的基地勘查與
聽取業主需求

從這一章起，我將針對建築師現場的實際工作內容進行說明。
第一步請先學會基地勘查的細節重點，
以及聽取業主需求、
正確地理解、回應業主期望的技巧。

1. 善用 Google 地圖 掌握基地基本狀況

在實地勘查之前先上網查詢

在正式著手繪製設計圖之前，一定得先整理好設計的前提條件。

設計的前提條件包括了業主的資金規劃、建物規模、業主需求的前提，以及和基地相關的具體條件。前者必須和業主進行密集討論，方能得出結論；後者則是一旦確定了基地的位置，即可先行勘查。

透過網路搜尋，可以更容易蒐集到和基地相關的資訊。即便是相當概略的內容，只要能在事前先行掌握整體的狀況，一樣可以為之後正式進行的勘查工作省下不少時間。因此，在你進行實地勘查和前往公所諮詢之前，上網查詢絕不會是浪費時間。

使用Google地圖可以掌握的資訊

上網查詢最有用的工具就是Google地圖。在Google地圖中的地圖資訊涵蓋了空照圖、地形、街景服務等功能，可說是目前最強大的基地調查工具。

①基地方位

首先，透過預設的地圖模式你就能大致瞭解「基地方位」。即便建物的規模可能並不至於涉及法規上的高度限制，但是位在市中心區的狹小基地卻往往會牽涉到高度斜線限制，因此掌握方位極為重要。有時地產公司所提供的宣傳單和地積測量圖上的方位，儘管清楚註明了磁北方向，卻未必保證絕對正確，因此最好還是使用Google地圖確認出正確的方位。

②交通狀況

　　也請留意基地週邊的交通狀況。必須先透過道路的寬度、路彎的狀況，以及是否為單行道等，設定好工程車輛進入的方向和動工後的停車位置，並於日後抵達現場時再次實地確認。

③前往最近車站的最短徒步路線

　　最好也能透過Google地圖找出前往最近車站的最短徒步路線。找出路線之後，記得確認週邊的基礎建設、便利商店、公園位置等。此外，還要檢查一下週邊是否存在和水有關的地名，若確實存在，也請記得一併查詢一下後面我將提及的歷史地圖（參照P.91）。因為和水有關的地名，通常基地的地質狀況較差。

Google地圖的畫面上方為正北。

①使用Google地圖確認方位

③確認前往最近車站的最短徒步路線

確認了路線之後，有些時候說不定會因此而決定改變玄關的位置

④週邊建物與停車場的配置狀況

使用Google地圖還能透過衛星空照模式確認週邊的建物和停車場的配置，以及綠地的分布、屋頂的形狀等。由於週邊環境也會改變，因此不要對Google地圖過度期待，但透過Google地圖還是可以大致掌握基地的視野，也能找找借景的元素。

⑤建物的高度、密度和路寬

透過街景服務的功能，不僅可以先行掌握建物的高度、密度、路寬、電線桿的位置，甚至還能瞭解附近有沒有道路的障礙物、步道、大水溝、擋土牆，以及視野良好的方向、鄰居窗口的位置等等，這些過去都是非得親自前往現場才能知道的事項。

你甚至可以透過以上這些模式所提供的資訊，想像出許多尚未實際看到的狀況。譬如由四周的地形和街景中路邊擋土牆的訊息，推測基地後面看不見的地方可能也設有擋土牆。若是看到了一旁種著大樹的老舊平房，建造的時間可能在昭和之前，那麼它的耐震強度可能較弱，恐怕連同它的自來水接管也可能都是舊式的。如此，單靠Google地圖即可掌握購買土地之前原本就會要求地產公司提供的所有資訊，何樂而不為？

● 透過相關的網站查詢基礎建設

在各類的管線當中，自來水管基本上也能透過實地勘查和公所查詢兩種方式獲取必要的資訊，不過瓦斯管線和下水道，其實也可以直接透過網路取得資訊。以東京都為例，直接透過「下水道資圖網站」即可確認下水道的鋪設情形。

查詢時必須先將地圖放大顯示，方能確認出道路邊界附近是否埋設有污水下水道。若是已經做好雨水和污水分流的地區，也別忘了使用同樣的方法確認是否設有雨水排水道。

「東京都下水道資圖網站」

http://www.gesui.metro.tokyo.jp/contractor/facility/daicyo/

瓦斯管線方面，同樣以東京為例，瓦斯公司若是東京瓦斯，則可以透過「瓦斯幹管埋設狀況確認服務網」進行管路確認。一般外管連接大多是由瓦斯公司負擔，住戶無需支付任何費用，因此可以主動要求瓦斯公司將幹管延伸到基地的臨接道路。

「瓦斯幹管埋設狀況確認服務網」

https://mapinfo.tokyo-gas.co.jp/dokaninfut/k_main.asp

地質調查

即使是同一塊基地，南北的地質狀況也可能未必相同，因此若沒有經過實地勘驗，譬如進行瑞典式貫入試驗（一種建造木造房屋時採用的簡易地質勘查方法，Method for swedish weight sounding test，日本俗稱SS試驗），就無法確認是否有進行地質改良必要。不過，你仍舊可以透過下列網站，大致瞭解基地地質的狀況。

> 「日本地質支援地圖」
> https://supportmap.jp/#13/35.6939/139.7918

> 「GEODAS」
> http://www.jiban.co.jp/geodas/guest/index.asp

這是兩個透過地質探勘獲得統計數據，瞭解基地地質大致狀況的網站。免費的，請務必一試。

另一個必須留意的是土壤液化問題。譬如東日本大地震後，東京千葉縣的浦安等地便出現了這樣的問題。土壤液化問題比遇到了地質弱帶更難處理，故請特別留意。尤其是當你計畫進行人工填土時，不妨先參考一下這個網站。

> 「日本全國土壤液化地圖（液化預測圖）」
> https://www.s-thing.co.jp/ekijyoka/

查看歷史地圖

查看歷史地圖，即可查出基地所在地的舊時地名、甚至地形。以日本為例，不妨透過歷史地圖，確認該地過去可能屬於「湖泊、沼澤、河流、田地」之類的區域歷史。

下頁的網站，甚至可以查出明治時代日本全境的歷史地圖和空照圖。即便基地本身的地質並無問題，仍建議你不時瀏覽，因為畢竟歷史也是值得學習的領域。

使用Google地圖查看舊時的地形圖與空照圖

現在　　　　　　　　　　　　　　　1963年

重疊顯示東京新宿中央公園週邊的新舊地圖（http://user.numazu-ct.ac.jp/~tsato/webmap/）

查詢水災與土石流的潛在區域

近幾年來，颱風和突發性豪雨的雨量屢創新高、造成水災的情況並不少見，特別是再加上當地震的震央位在大城市或接近沿海地區時，還有海水倒灌、或釀成山區土石流的疑慮。

為此，除了在購買土地時之外，重建房屋時也最好能夠事先查詢一下水災和土石流的潛勢圖。以日本為例，可以透過以下兩個網站進行確認。

> 「日本國土交通省全國潛勢圖入口網站」
> https://disaportal.gsi.go.jp/index.html

> 「日本各都道府縣公佈土石流災害危險地區與土石流災害警戒區域」
> http://www.mlit.go.jp/river/sabo/link_dosya_kiken.html

若業主打算購買的土地或準備興建房屋的基地正好位在土石流的警戒區，雖然不至於產生法規上的限制，但最好還是事先告知業主。

2. 勘查基地時，確認所有物件的「實際高度」

⦂實地勘查的重點與拍照的技巧

實地勘查基地主要的目的，是為了尋找設計的「線索」。即便已經透過Google地圖的街景服務大致掌握了基地的概況，實地勘查時，若能從建築設計和工程的角度，實際進行尺寸的測量並仔細觀察，一定會發現更多基地

實地勘查時必須拍下的相片

電線桿

擁有一面開闊的天空視野

全景相片

緊鄰鄰居

基地前是小學生上下學的必經之路

邊界界樁

電線桿和電線

二樓的視野

的特殊之處，有時候甚至會因此而自然地浮現設計的方向。因此不論如何，前往基地時務必要隨身帶著基地的地圖、相機，和捲尺。

　　實地勘查時也請一定要記得拍照，以便日後確認之用。首先，請站在道路的中間或基地的幾處重點位置，原地繞一圈拍下全景相片；接著請拍下日後可能出現問題的基礎設施，譬如基地邊界的界樁、水電瓦斯表、排水溝渠的孔蓋、道路上的電線等等，以及擋土牆之類的結構體特寫。高處的視野必須等到上樑之後才能拍到，所以暫時不必，不過若是老屋重建，則不妨在拆除之前，親自爬到二樓留下一些相片。

　　最後要留意的是，勘查時請記得將你在基地實際看到的狀況，用圖畫或文字的方式記錄下來。

可做借景的鄰家庭院

電線桿的支線

越界的樹木

擋土牆

孔蓋和水表

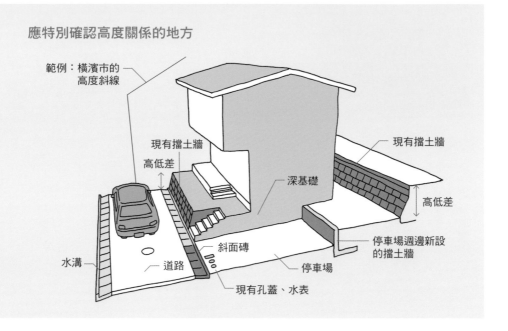

應特別確認高度關係的地方

範例：橫濱市的
高度斜線

現有擋土牆

高低差

深基礎

現有擋土牆

高低差

停車場週邊新設
的擋土牆

斜面磚

水溝

道路

停車場

現有孔蓋、水表

∴ 高度的確認

　　難以標記在地圖或平面圖上的「垂直高度資訊」，若非經過實地的勘查，往往難以掌握。因此在**實地勘查時，記得要把大半的時間用在掌握垂直高度上。**

　　到達基地後的第一件工作，就是測定出基地和道路、基地和鄰地之間的高低差。若確實存在高低差，請一併確認它們目前的處理方式，看是要做成人工坡面、設置擋土牆，還是鋪設路沿磚。

　　在道路和基地的關係方面，也請測量水溝（L型磚）的形狀、高度和路沿（汽車會跨越的較低道路界線邊的緣石或磚塊）的位置。倘若基地已經事先鋪設了路沿磚，通常表示下方已經預留了排水溝和瓦斯管路，而且大多已經確定這裡是停車空間的位置。

　　道路和基地之間的高低差若在50公分上下，可以做成人工坡面，但是若超過這個高度，就必須做成一個結構體。尤其是停車場的部分，因為地面必須與道路平面相接，做成擋土牆的可能性最高。若停車場和道路之間存在著高低差，而停車場又緊鄰住屋，一般則會採用所謂「深基礎」的方式，提高地基的高度。這裡請特別留意，不論採用的是擋土牆或深基礎，預算都會以

十萬日圓為單位增加。

其他如道路和基地乍看是平面的連結，實際上卻可能是有個20公分高度差的坡面。這樣些微的差距，因為有可能影響到道路斜線的法規限制，有時為了通過審核，可能必須請營造公司協助做更精準的高度測定。若是沒有法規限制的疑慮，也盡可能提早進行地質探勘，並且透過地質探勘報告書取得這個高度值。

● 擋土牆的確認

當地界上設有擋土牆時，則必須測量它的高度。若是RC製的L型擋土牆（斷面呈L形的抗土壓擋土牆），一般來說不會有什麼大問題，不過若是早期建造的擋土牆，而且高於2公尺以上的，就得格外留意了。遇到這種狀況，不論上方或下方，在日本的建築法規上都有非常明確的限制。若是房屋預計要建在2公尺以上的舊式石砌擋土牆的上方，房屋基樁至少必須距離擋土牆高度1.7倍的距離，或者將這道舊式的擋土牆打掉重建，否則很可能無法通過建照審核*。擋土牆的預算大約從幾十萬到數百萬日圓不等。

除了高度之外，也請確認擋土牆是否存在結構、皸裂、變形的狀況，以及是否設有排水孔等。另外你也必須知道，日本法規上規定，磚砌擋土牆至多只能砌兩層磚。

*台灣針對擋土牆亦有相關規定，請參見《建築技術規則》（審註）

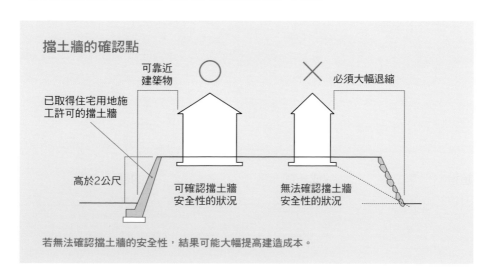

擋土牆的確認點

已取得住宅用地施工許可的擋土牆

可靠近建築物 ○

必須大幅退縮 ✕

高於2公尺

可確認擋土牆安全性的狀況

無法確認擋土牆安全性的狀況

若無法確認擋土牆的安全性，結果可能大幅提高建造成本。

● 基地的地界

實地勘查時，你還必須在業主的陪同下，**確認地界標石（即標示官方與個人或個人與個人土地界線所用的界樁）的位置或是否存在**。當然也別忘了記錄標石上箭頭的方向和標石本身的類型（譬如石頭、水泥、金屬或鋼釘），以作為日後決定建物位置的參考。

同時也請仔細觀察圍牆的狀態，先確認圍牆位在基地地界的哪一邊。若牆壁位在基地之外，雖不影響到建照審核，也請務必確認牆壁本身的安全性是否穩固或已搖搖欲墜。

倘若基地內或基地的地界上存在「磚牆」，除了必須測量高度是否低於1.2公尺（六層磚），也務必確認是否設有扶壁。若是早期建造的圍牆，高於身高的磚牆大多未增設扶壁，完工驗收時，主管機關一定會以安全為由要求修正，可能會要求壓低牆高或者打掉重建成鋼筋混凝土牆。

接著還要測量道路幾處的路寬，請先確認路寬是否在4公尺以上。在日本，若路寬小於4公尺，大多數的地方政府都會要求進行所謂「道路協商」

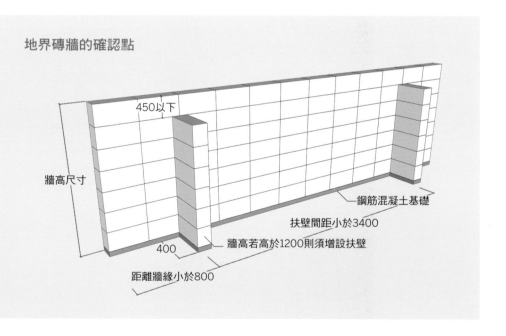

地界磚牆的確認點

450以下

牆高尺寸

鋼筋混凝土基礎

扶壁間距小於3400

400 — 牆高若高於1200則須增設扶壁

距離牆緣小於800

（狹隘協議）；倘若土地本身是個L型基地（旗竿地），較長的部分寬度往往最容易出問題，所以請務必測量，確認最狹窄的部位是否大於2公尺。*

此外，還需確認鄰家的雨遮、凸出的窗口、電線、天線、樹木是否有越界的狀況發生。若發現電線越界，必須聯絡地產公司（若為新購土地）或電力公司、電話業者，請求變更線路。

工程車輛進出的路徑

根據Google地圖取得的資訊，先確認自用車和工程車輛的進出路徑，還要確認道路是否彎曲，是否存在電線桿、交通標誌、盆栽、戶外儲藏室、自動販賣機等障礙物，是否有樓梯而非坡路，路寬是否過窄等等。這些條件都可能造成車輛無法停靠在基地旁邊；若因此而導致工程車輛無法駛入，將會大大提高拆除、地質改良、房屋設計、建材搬運等的成本。

* 台灣亦有類似規定，須依各地區施行細則而定。（審註）

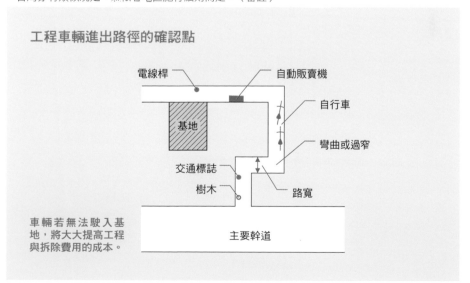

工程車輛進出路徑的確認點

● 孔蓋與水表的位置

善用基地內的接管位置，是節省設備費用的方法。 到達基地以後，請記錄下水表、雨水和污水管終端的孔蓋（靠近地界所設置之最下游的孔蓋），以及瓦斯管路的接管位置，這些都是畫設備圖時必要的元素。最好連同鄰近道路的人孔蓋和止水栓的位置也一併確認為宜。

基地旁邊若有電線桿，則必須記錄電線桿的編號。若電線桿可能會影響車輛進出路徑，則可以考慮申請電線桿遷移。在日本，若打算將道路上的電線桿移至基地內，主管機關很可能會免費協助遷移。

● 日照與視野

不妨也確認一下基地週邊值得善用的優點。 譬如看看基地內外是否有樹木或樹林、開放的空間和開放的視野；要是鄰家改建的機率不高，也不妨留意一下鄰家的庭園。即使基地位在密集住宅區，只要仔細觀察，應該多少可以找到不錯的視野。若能找到一面可觀的視野或大片的樹林，就算在擁擠的都會區內一樣可以設計出相當舒適的居住空間。至於日照的狀況，只要畫出一張包含四周建物在內的日影圖即可，若能先行掌握太陽的位置，會更方便。好比說可以透過一個同時可以安裝在iPhone和安卓手機上的應用程式「Sun Seeker」，即可在實地勘查時確認太陽的軌跡。

相反的，也請確認一下必須迴避的缺點。譬如鄰家的窗口，最好能先大致測量一下鄰家建物與地界之間的距離，以及窗口和後門的位置，設計時即可盡量避免遮蔽彼此窗口的視線。若是在密集住宅區，也請特別留意和鄰家之間低於一公尺的距離，遇到這種情況，則必須將窗口設為霧面玻璃。

另外，請留意公寓陽台和公共廊道的視線，以及包括空調的室外機、熱水器、戶外儲藏室等這類可能會影響到視覺景觀的雜物。

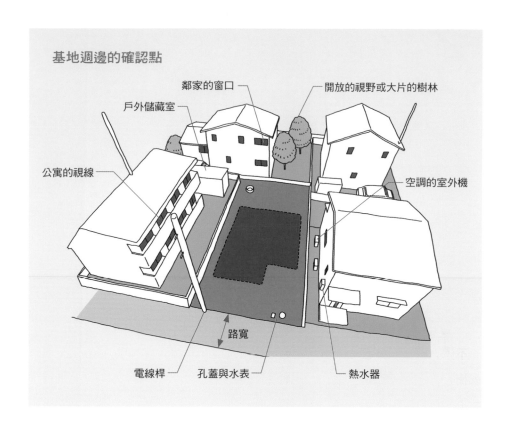

基地週邊的確認點

鄰家的窗口　　　　　　　　開放的視野或大片的樹林

戶外儲藏室

公寓的視線　　　　　　　　　　　空調的室外機

路寬

電線桿　孔蓋與水表　　　熱水器

⋮ 基地地質

　　若地質狀況不佳，很容易造成擋土牆和基礎通風口的龜裂，甚至導致路面顛跛。**當你透過網路資料調查確知基地的地質不良時，務必要到基地現場進行實地確認。**

　　其他譬如噪音、氣味、道路的明暗度、交通流量和行人通行的數量等，這些都是光看地圖和相片所難以確認、不經過實地勘查就無法取得的資訊。這些資訊也同樣會實際影響到建築設計的樣式或採取的必要措施。譬如巷道內若來往行人數量較少，就會有提高門窗安全性的必要；若是噪音較大，則必須選配雙層隔音窗口或氣密性較高的窗框。

3. 以電話解決 大部份法規問題

：土地使用分區的問題一通電話就能搞定

在正式著手設計之前，最後一件要做的事，就是完成確認建物大小的程序。不過要完成這項程序，你必須先對相關的法規和管理辦法有所認識，並且要心裡有數，這些法規和管理辦法會因基地所在的位置而有所不同。

更重要的，要知道**確認建物大小所需要的都市計劃資訊，幾乎都可以透過電話搞定。**只要撥電話到公所的都市計劃課，告訴對方「我正在規劃一棟二樓透天的自建住宅，想瞭解某地（地址）的土地使用分區……」，對方就會向你口頭說明如土地使用分區的狀況、建蔽／容積、日照規範、防火限制、有無其他區劃的限制等等基本的都市計劃訊息。

不過公所的辦事員通常會認定你是建築或房地產的專業人士，所以說話的速度會非常快，所以在你習慣他們的速度之前，不妨先到基地所在地的官方網站瞭解一下都市計劃的概況。現在幾乎所有的日本地方政府都設有「都市計劃資訊整合查詢網站」，將都市計劃藍圖等相關資料刊登在網站中，供市民查詢閱覽，請務必多加利用。至於查詢的詳細內容，則請參考下一頁的檢查表。

另外，電話諮詢時，通常必須提供基地的地址。不過若是新購買的土地，你手上的資料一般是沒有地址（門牌號碼）的，頂多只會提供你一組登記土地時使用的「地號」（土地編號），因此在撥打電話之前，最好先透過地籍圖或日本雅虎地圖（較Google地圖能顯示更詳細的地址），預查出實際的地址。

事前諮詢檢查表

A　土地基本資料

- 基地地址　..
- 基地地號　..
- 地目　　　□住宅　□其他（　　　　　　）
- 權利　　　□所有權　□地上權（□舊制　□新制　□定期租賃）
- 基地面積　實測 .... m² 　公告 .... m²

B　型態限制與防火限制

- 計畫分區　　　□都市計劃　□區域計畫　放寬標準（　　）
- 土地使用分區　□1低層　□2低層　□1中高　□2中高　□1種住宅　□2種住宅
　　　　　　　　□準住宅　□近商　□商業　□準工業　□工業　□工業專用
- 建蔽率　　　　建蔽率 _____ %　　路口放寬 _____ %　　防火放寬 _____ %
- 容積率　　　　容積率 _____ %　　臨接道路容積限制（寬度＊0.6或0.4）_____ %
- 絕對高度　　　建築基準法 ____ m　其他 ____ m（原因：　　　　　）　□未指定
- 基地面積最小限制　　　　____ m²　放寬標準（　　　　　　　　）　□未指定
- 退縮　　　　　道路面 ____ m　鄰地面 ____ m（原因：　　　　）　□未指定
- 道路斜線　　　＊L　　　　　　　適用距離　　　____ m　　　　　　□未指定
- 鄰地斜線　　　增設高度 ____ m＋斜度 ✕L　　適用距離 ____ m　　□未指定
- 北側斜線　　　斜度 ✕L　　　　　　　　　　　　　　　　　　　□未指定
- 高度斜線　　　____ 種高度　限制內容：____ m＋斜度 ✕L　　　□未指定
- 日照規範　　　（□簷高　□建物高度）____ m以上或樓層數為 ____ 時需修正　□未指定
　　　　　　　　5m ____ 小時　10m ____ 小時　測定面 ____ m
- 中高層條例　　□無　□有
- 天空率
- L型基地限制　基地延伸部位　寬度（　　）m　長度（　　）m　限制內容（　　）
- 防火限制　　　□防火　□準防火　□建築基準法22條　□新制防火限制　□未指定

C　其他限制

- 計劃道路　　　□無　□有　內容：（都市計劃法53條許可等）........................
- 區域計畫　　　□無　□有　內容：........................
- 建築協定　　　□無　□有　內容：........................
- 土地區劃整理區　□無　□有　內容：（76條申請等）........................
- 重劃區　　　　□無　□有　內容：........................
- 風景區　　　　□無　□有　內容：........................
- 宅造法限制區　□無　□有　內容：........................
- 文化古蹟埋藏區　□無　□有　內容：........................
- 綠化區　　　　□無　□有　內容：........................
- 落石坍方警戒區　□無　□有　內容：........................
- 土石流警戒區　□無　□有　內容：特定警戒區　（□有　□無）
- 開發許可　　　□無　□有　內容：（都市計劃法29條許可等）........................
- 計畫分區許可　□無　□有　內容：........................
- 其他（　　　）□無　□有　內容：........................

E　道路相關資訊

- （　　　）側　　公道（□國道　□縣道　□市道　□非公有道路）　私道（指定位置　□有　□無）
  法　條　項　　　　　　　　號道路　寬度（□公定　□實測）　　m～　　　m　認定圖（□有　□無）
- （　　　）側　　公道（□國道　□縣道　□市道　□非公有道路）　私道（指定位置　□有　□無）
  法　條　項　　　　　　　　號道路　寬度（□公定　□實測）　　m～　　　m　認定圖（□有　□無）
- （　　　）側　　公道（□國道　□縣道　□市道　□非公有道路）　私道（指定位置　□有　□無）
  法　條　項　　　　　　　　號道路　寬度（□公定　□實測）　　m～　　　m　認定圖（□有　□無）
- 狹窄巷道申請　　□無　□有　方法（　　　　　　　　　　　　　　　　　　　　　　　　）
- 43條但書道路手續　□無　□有　方法（　　　　　　　　　　　　　　　　　　　　　　）

G　基礎管線相關資訊

- 公共下水道　　公共下水（□合流式　□分流式　□集中淨水槽式）　淨水槽（□需要　□不需要）
- 污水　　　　　　　　　側道路　主管直徑　　　　mm　接管直徑　　　　　　mm　□無接管
- 雨水　　　　　　　　　側道路（□主管　□U型溝）　主管直徑　　mm　接管直徑　　mm　□無接管
- 雨水滲透限制　雨水滲透限制（□有　□無）　溢水接續（□可　□不可）
- 上水道　　　　　　　　側道路　□主管直徑　　　　　mm　接管直徑　　　　mm　□無接管
  水壓　　　　Pa　上限水栓數　　個　增壓馬達：□需要　□不需要
  蓄水槽：□需要　□不需要
- 天然瓦斯　　　　　　　側道路　□主管直徑　　　　mm　接管直徑　　　mm　□無接管　□液態瓦斯
- 電力　　　　　預定接管方向　　　　　　　　　側
- 光纖　　　　　□有（公司名　　　　　　　　　　　　）　□無（傳統線路）
- 有線電視等　□有（公司名　　　　　　　　　　　）　□無

H　實地勘查＋其他查詢

- 現有房屋　　　□無　□有（屋齡　　　　　　　　年　規模　　　　　　　　m²·坪）
- 基地內高低差　□無　□有（高低差　　　　　　　　　　　　m　休止角取得（□可能　□不可能））
- 道路高低差　　□無　□有（高低差　　　　　　　　　　　　m　休止角取得（□可能　□不可能））
- 基地內擋土牆　□無　□已登記擋土牆（許可證號　　　　　　　　　　　　　　　　　　）
  □RC擋土牆　□間知石擋土牆　□磚砌擋土牆　□不詳（　　）　高度　　　　　　m
  排水孔（□有　□無）　皸裂、偏移、變形等（□有　□無）
  重建擋土牆（□易　□難）
- 車輛進出　　　□良好　□不良　障礙物（　　　　　　　　　　　　　　　　　　　　　）
- L型基地寬度　□非L型基地　□L型基地（基地延伸部位　寬度　　　　　　m　延長　　　　　m）
- 地質狀況　　　GEODAS地質狀況（□軟弱　□良好　□不詳　□其他（　　　　　　　））
- 地質改良難易度　□易　□難（需考慮車輛進出、重機具移動等）
- 工程用停車場　付費停車（□有上限　□有　□無）　其他停車場（　　　　　　　　　）
- 水溝高度　　　□低於3cm　□高於10cm
- 界樁　　　　　□無　□有　□部分有（種類與位置　　　　　　　　　　　　　　　　　）
- 視野良好方向　方位（　　　　　　　　　　　）　可視物件（　　　　　　　　　　　　）
- 其他環境資產　公園、開放空間、樹木等（　　　　　　　　　　　　　　　　　　　　）
- 鄰地窗口　　　□有　□無　距離（未滿1m、超過1m）
- 淹水履歷　　　□有　□無　可能性（□高　□低）

先問明「高度斜線」和「防火限制」

首先必須透過電話問明清楚的是「高度斜線」和「防火限制」（包括防火區域和準防火區域等）。因為這部分問題和建蔽容積一樣，都會直接影響到建物的規模和資金的規劃。

高度斜線的規範比北側斜線更為嚴格，即便是二樓透天的自建住宅，也會因為這項規範而影響到屋頂的外型。由於這部分規範因地而異，記得要「高度和斜度」一併詢問。

防火限制則會牽涉到建築的成本。若是木造建築，倘若基地位在準防火區域，光是窗口就可能須增加一百萬日圓的成本，建物的大小也會受限，難以規劃出大型的窗口。基地若位在密集住宅區，除了一般的防火、準防火之外，還多了一項「新制防火限制」。要是涉及這項限制，絕大多數情況，都會被要求建造成準防火建築。此外，即便地點不在防火、準防火的限制範圍內，在日本仍舊可能受到「都市計劃法二十二條區域」的限制，建物可能因此而無法使用木製外牆，請務必一併問明清楚。

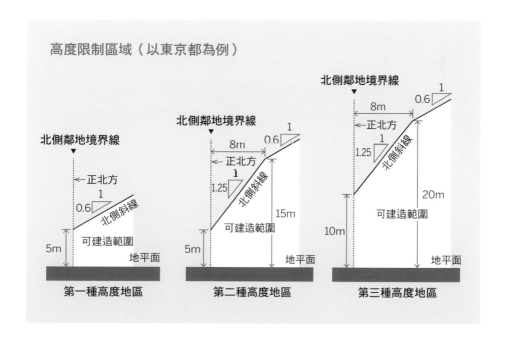

高度限制區域（以東京都為例）

北側鄰地境界線　正北方　北側斜線　可建造範圍　地平面　5m　第一種高度地區

北側鄰地境界線　8m　正北方　北側斜線　可建造範圍　地平面　5m　15m　第二種高度地區

北側鄰地境界線　8m　正北方　北側斜線　可建造範圍　地平面　10m　20m　第三種高度地區

⁝ 親自到場諮詢預估需半個工作天

儘管透過電話即可大致掌握都市計劃的資訊，但是有些譬如「道路、上水道、文化古蹟」之類的資訊，不親自跑一趟公所恐怕很難清楚掌握。因此不論如何你總得跑一趟公所，因此建議盡可能在設計規劃的初期就到相關的課室去轉一圈。

另外，並非只需跑一個課室就能解決所有的問題，尤其是有關上水道的部分，相關的課室很可能並不在同一棟大樓裡。所以**公所的諮詢工作可能至少需要半個工作天以上，最好也能預先安排出一段充裕的時間。**

⁝ 到了都市計劃課時先再次確認電話諮詢過的問題

人到了公所，第一個要去的課室是都市計劃課。除了要再次確認之前在電話諮詢中問過的問題以外，還要問明譬如都市計劃設施（如計劃道路等）、風景區、區域計畫、建築協定、區劃整理、綠化等等區域，是否有所限制或規範，尤其別忘了詢問在建照申請之外還有哪些特別的手續。該問哪些問題，請參考一〇六頁的檢查表。

另外不妨在都市計劃課就先問明這些手續的相關課室，以及這些課室所屬的上層單位名稱、樓層、地點等，免得之後白跑。

若基地不大，也請問明基地面積的最小限制，以及相關的處理辦法。在日本，基地面積的最小限制在部分地區不只必須依據建築基準法，在區域計畫中也可能明訂了規範細則。一般而言，在「基地面積最小限制」施行日以前即以完成分筆登記（買賣或所有權移轉時將單筆土地分割成數筆登記），大多都能順利通過重建的審核。

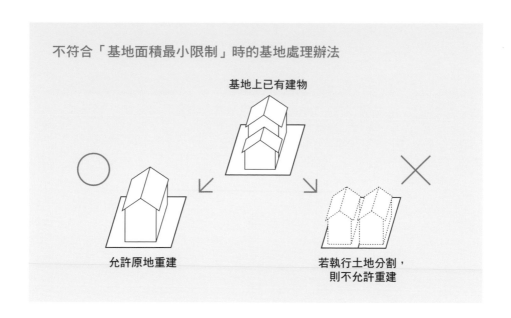

不符合「基地面積最小限制」時的基地處理辦法

基地上已有建物

允許原地重建

若執行土地分割，
則不允許重建

⠿前往申請建照前相關手續的主管課室進行詢問

接著要去的是，申請建照之前必須先行完成相關手續的主管課室。在日本，申請建照之前，你必須事先完成的手續包括：狹窄巷道、區域計劃、是否符合土地區劃整理法七十六條、都市計劃法五十三條（計劃道路內之建築物），以及宅造法、風景區、文化古蹟等的法規限制的確認。這些手續不僅種類繁多，而且負責的課室都不一樣。不過凡是涉及法規限制的情況，一般在申請建照之前，都必須經過這些審核。而這些審核的手續，有的難度較低，僅需填寫一張申請表外加幾張圖稿即可通過，但是過程中若有任何疏漏，都可能延後建照的審核時間，而且可能動輒一延就是一兩個月，所以千萬不可掉以輕心。通常在各主管課室內，都備有相關法規限制和申辦流程的說明簡章或傳單，為避免遺漏，到了主管課室之後，別忘了先拿一份備用。

此外，有些地方政府可能規定，即便是一般自建住宅，在申請建照之前，若未經過事前諮詢的程序，申請的建照將一概不予通過。另外也別忘了，這類規定有時甚至要求事前諮詢一定要在正式申請建照的兩週以前完成。

CHAPTER 3 ｜ 初步的基地勘查與聽取業主需求

105

申請建照之外的特別手續

申請時期	申請內容	主管課室
申請建照之前	☐ 申請前諮詢	建築課
	☐ 狹窄巷道申請	
	☐ 中高層建物條例登記與標誌設置	
	☐ 43條但書道路申請	
	☐ 山崖條例、落石坍方地區申請	
	☐ 區域計畫登記	都市計劃課、社區發展課
	☐ 計劃道路內53條許可申請	
	☐ 風景區申請	
	☐ 申請前諮詢	開發課
	☐ 計畫分區申請	
	☐ 宅造法相關諮詢與申請	
	☐ 綠化計劃手續	綠化公園課、綠地課
	☐ 雨水滲透設施申請	下水道課
	☐ 農轉手續	農業委員會
	☐ 文化古蹟事前諮詢與申請	教育委員會
	☐ 區劃整理法76條申請	區劃整理課
	☐ 建築協定諮詢與登記	協定營運委員會
申請建照同時	☐ 三十五年固定利率貸款適用申請	建築課、指定審核機構
	☐ 長期優良住宅申請	
	☐ 低炭住宅審核申請	
申請建照之後	☐ 各類補助款申請	相關課室
	☐ 各類設置報告、完工報告	
	☐ 綠化圍籬補助	

在日本，部分事項的申請，例如三十五年固定利率貸款適用住宅、長期優良住宅、低炭住宅的審核，可與申請建照同時提出。由於資料準備和表單填寫需要相當的時間，建議不妨在瞭解相關規定時及早準備。

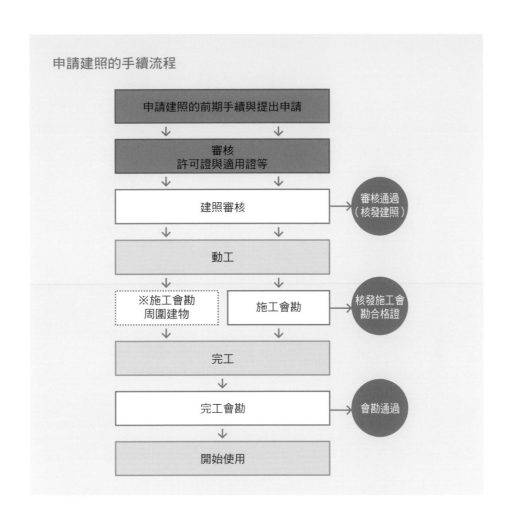

申請建照的手續流程

申請建照的前期手續與提出申請

↓　　　　　↓

審核
許可證與適用證等

↓　　　　　↓

建照審核　　　　→　　審核通過
（核發建照）

↓　　　　　↓

動工

↓　　　　　↓

※施工會勘
周圍建物　　　　施工會勘　　→　核發施工會
勘合格證

↓　　　　　↓

完工

↓

完工會勘　　　　→　　會勘通過

↓

開始使用

　　若基地的所在地屬於文化古蹟埋藏區（可能挖出古物的區域），也必須在申請建照之前先行提報審核。關於埋藏區的劃分，一般無法透過電話諮詢，而必須親自前往主管單位（譬如教育委員會等）閱覽由其所繪製的文化古蹟埋藏區劃圖。

　　若你正好被分派到負責埋藏區的提報審核工作，務必記得連同埋藏區的放寬規定（若住屋的基礎不深，一般很快就能通過審核，但若遇到這種情形，若有地質改良的必要，則別忘了一併問明清楚）、工程監造方式（有些時候主管課室可能會要求試挖或在興建基礎時到場監督）、萬一真的挖出古物時的工期安排與費用負擔（私人住宅通常不會要求支付任何費用，但是監督的過程仍可能會影響到工程進度）。

● 需至道路主管課室諮詢的相關事項

　　建築基地與路寬為4公尺以上道路之間的最短距離，應在2公尺以上。亦即所謂的「連接道路」標準。這是日本建築基準法中最為重要的一條規定。

　　在實務上，我們常會遇到一種狀況：眼前明明就是一條道路，但是卻因為不符合建築基準法的道路認定，而無法獲准建造房屋。為此，到公所諮詢時，無論如何都要先向公所確認，法律上是否認定這是一條道路。也因為可能牽涉到許多細部的問題，譬如道路的種類、所有區分、管理區分、地籍圖（認定圖）等，公所通常不會在電話中清楚答覆，因此**在前往公所諮詢時，最主要的任務就是要確認這個「連接道路」的問題。**

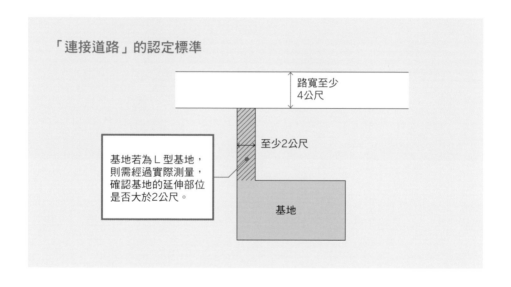

道路若是道路法所規定的既有且寬度在4公尺以上的公有道路（依據日本道路法42條1項1號），則全無問題。這時候你僅需確認道路的種類、路名、認定寬度，並且確實記錄下來，同時確認道路的邊界，即可取得「地界認定圖」。倘若這條路屬於位置指定道路（依據日本道路法42條1項5號），則僅需取得那張認定圖，建照的審核就一定會通過。*

---

*台灣依「建築線」相關規定而定。（審註）

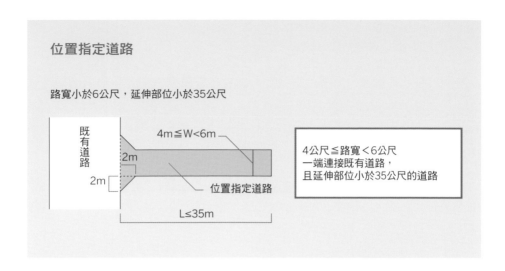

位置指定道路

路寬小於6公尺，延伸部位小於35公尺

既有道路

4m≦W<6m

2m

2m

位置指定道路

L≤35m

4公尺≦路寬＜6公尺
一端連接既有道路，
且延伸部位小於35公尺的道路

狹窄巷道與但書道路

　　若路寬不及4公尺，則需確認是否會被認定為「狹窄巷道」（依據日本建築基準法42條2項道路）。絕大多數情況，只要在建照申請之前，先行申請為「狹窄巷道」，即可確定道路界線的退縮距離，並且通過建照的審核。

　　若完全無法符合道路法所認定的道路、位置指定道路或狹窄巷道，則必須查詢是否適用允許在特定行政區內，以一定條件核發許可證的「43條1項但書」。若能適用，即可取得建照，不過因為手續相當複雜，最好能事先問明清楚申請的難易和所需的時間。

⦂需至上水道主管機關查詢的相關事項

有關自來水的接管，原則上費用是由業主自行負擔。由於必須開挖柏油路面，完工後再重新鋪設費用並不便宜，並且費用會隨著主要幹管的直徑、牽拉的距離、路寬和交通流量而有所變動，無法一概而論，不過一般狀況，大約都需要50到100萬日圓間的預算。

至於上水道的接管狀況，通常主管機關為了避免不必要的誤解或困擾，並不接收電話諮詢，必須親自前往水道課（或水道局），當面確認管線的直徑、類型、路線和水表的位置。

不過即便現有房屋或基地已經鋪設了上水道，仍可能因為接管口徑與管線類型未符合標準，而在房屋重建之際無法直接使用。一般來說，若是二樓透天的自建住宅，接管直徑只要是20公釐，一定不成問題，若是不足13公釐，則必須重新鋪設[*]。此外，還可能出現的情況是口徑足夠、但使用的接管卻是舊式的，譬如鉛管或鐵管，遇到這種情形，同樣必須重鋪。

倘若因為狹窄巷道的限制而必須退縮，記得先行確認水表和止水栓的位置。因為萬一水表正好被劃入了道路範圍內，一定得將它移到住宅範圍內。停水封管和啟動水表的費用大約在10萬上下。

特別要留意的一種情況是，基地的臨接道路屬於私有道路，而且管線過小時。要是位在私有道路內的管線是與鄰居共用、又無法加粗時，則必須從公有道路重新接管。遇到這種情形，由於距離通常不短，接管的費用可能動輒上百萬。

[*]此類問題在台灣會由機電技師相關人員負責檢討（審註）

自來水管線結構

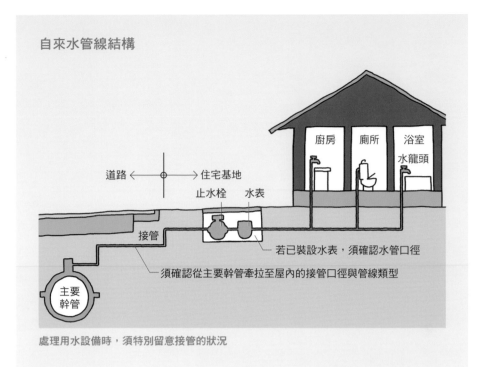

廚房　廁所　浴室
水龍頭

道路 ←　→ 住宅基地
止水栓　水表

接管

若已裝設水表，須確認水管口徑

須確認從主要幹管牽拉至屋內的接管口徑與管線類型

主要
幹管

處理用水設備時，須特別留意接管的狀況

接管口徑的判斷標準

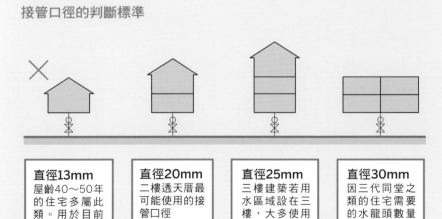

直徑13mm
屋齡40〜50年
的住宅多屬此
類。用於目前
的住宅設備略
顯不足

直徑20mm
二樓透天厝最
可能使用的接
管口徑

直徑25mm
三樓建築若用
水區域設在三
樓，大多使用
這種口徑。也
因三樓建築要
求的水壓係數
較高

直徑30mm
因三代同堂之
類的住宅需要
的水龍頭數量
較多

直徑過小時須重新鋪設

● 至建築指導課索取概要書

也別忘了到建築指導課去索取週邊建物的「建築概要書」。部分較早的資料可能已經破損銷毀，但只要找得到的，不妨都請負責的辦事員影印一份。對照你實地勘查與測量的數據，能夠更正確掌握鄰居房屋的大小。

有些地方建築指導課的結構負責單位，也會提供當地地質資料（同時記錄代表地質硬度的Ｎ值和土質的資料）的閱覽服務，所以不妨也藉此確認一下Ｎ值、土質和地下水位等數據。

若預計會在較大面積的畸零空間內設置閣樓收納或者露台，最好也能在事前先向建築指導課提出諮詢，確認面積的取得方式。

閣樓收納的面積和高度限制在日本法規內是全國一致的，一律不得高於1.4公尺，但是收納型態、是否設置固定階梯、空間內窗口設置限制等則因地而異，各地的地方政府都有各自的標準。即使在東京都內，有些地區對畸零空間的使用型態有所限制，有些地區則全面禁止在畸零空間內安裝空調。

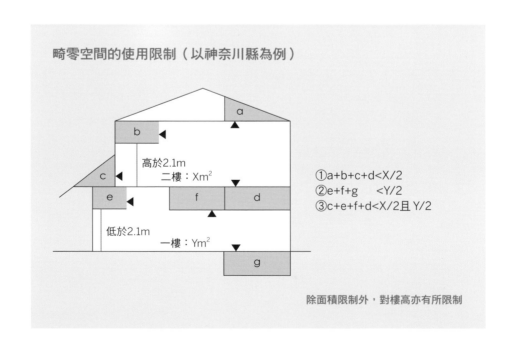

畸零空間的使用限制（以神奈川縣為例）

高於2.1m
二樓：X㎡

低於2.1m
一樓：Y㎡

①a+b+c+d<X/2
②e+f+g　　<Y/2
③c+e+f+d<X/2且Y/2

除面積限制外，對樓高亦有所限制

若有已經明文規定的內容，亦可透過政府指定的民間審核機構提出諮詢。透過民間機構時，同樣也要記得先行取得當地行政機關規定的標準資料。

　同樣的，若是露台，也要先行確認棚架式地板是否必須列入建築面積或樓地板面積計算。

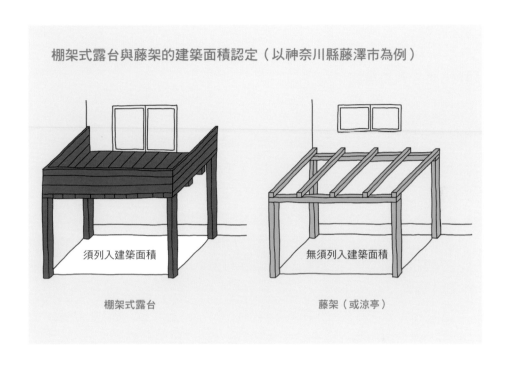

棚架式露台與藤架的建築面積認定（以神奈川縣藤澤市為例）

須列入建築面積

棚架式露台

無須列入建築面積

藤架（或涼亭）

4. 瞭解錢該花在何處、又該花多少

⠿ 提出資金規劃建議

絕大多數的業主都是第一次蓋房子。儘管從一開始就決定要找建築師事務所來設計，但是他們在資金預算方面，幾乎都是掐得緊緊的、既不多也不少。因此在首次洽談時，我通常都會先確認業主預計要蓋多少錢的房子、怎麼樣的規模、目前擁有多少現金、打算申辦哪種貸款、又計畫借貸多少錢等，然後再針對他們的預算分配和不足額度提出建議，以免到時因為預算不足而無法簽約。**提出建議的時候，我絕不會只談事務所收取的建築相關費用，而會同時將貸款、土地購買等相關的可能支出一併做成Excel 報表，提供給業主參考。**

這部分的資金規劃，一般都是事務所負責人的工作，但是其實只要完成Excel報表格式，之後只需要稍微修改，譬如貸款利率和地坪單價，即可立刻計算出大略的金額，因此我建議不妨自己親自嘗試表列看看，遇到問題再請教事務所前輩。

以下我以一個擁有自備款700萬、預計貸款4500萬，打算在一塊價值2000萬的土地上建造一戶30坪住宅的個案為例，示範製作報表的過程。

⋮ 貸款相關費用

貸款相關費用包括了房屋貸款、短期周轉金、房貸壽險以及抵押權設定的費用。

其中金額較大的是房屋貸款的保證金（若為三十五年固定利率貸款則稱為手續費），不過倘若業主的貸款額度較高時，房貸壽險的利息和手續費也會是一筆不小的數目。

貸款相關費用列表

房屋貸款相關費用		價格	消費稅（8%）	總金額
融資手續費	以三十五年固定利率貸款為例：樂天三十五年固定利率貸款S類1.08%	486,000		486,000
房屋貸款保證金	以銀行為例：1,000萬（35年還清）約在20萬上下	0		0
貸款收入印花稅	消費貸款2萬戶頭轉帳200萬	20,200		20,200
短期周轉金手續費	樂天	108,000		108,000
短期周轉金利息	前11個月以土地費用的9/10後6個月以工程費用的1/3最後3個月以工程費1/3概算*	598,269		598,269
短期周轉金收入印花稅	土地：2萬建物第一次：1萬建物第二次：1萬	40,000		40,000
房屋壽險保費	以三十五年固定利率貸款為例：每1000萬增加35800日圓	161,100		161,000
抵押權設定手續費	包括代書費	31,000		31,000
登記相關資料取得	塗銷登記、戶口登記、印鑑證明書、登記事項證明書、謄本取得	6,000		6,000
登記規費	貸款、融資金額的0.1%	45,000		45,000
			小計	1,495,569

※短期周轉金利率以2.67%計算

事務所在概算貸款相關費用時，不妨先用三十五年固定利率貸款的數字來進行初步計算。

另外也別忘了向業主解釋清楚短期周轉金的內容。若是自建住宅，只要貸款下來就大功告成了，不過通常在購買土地時和工程進行中，仍會需要一筆資金（如必須支付給營造公司的費用，大多是以分期的方式支付，如分成簽約時和上樑時等，每期大約支付總工程費用1/3～1/4不等的金額），這時候就得動用到「短期周轉金」。由於部分金融機構並不提供短期周轉的服務，因此在選擇借貸對象時也必須特別留意。

土地相關費用

土地相關費用包括購買土地的費用、仲介手續費、登記費和稅金。仲介手續費基本上是固定的，計算上毫無問題。這個案例我以土地價格的5～6%計算，應該還算合理。

土地相關費用列表

土地取得費用		價格	消費稅（8%）	總金額
土地價格		20,000,000		20,000,000
仲介手續費		660,000	52,800	712,800
買賣契約印花稅		10,000		10,000
所有權轉移登記	包括代書費	43,000		43,000
登記規費	15/1000 或 20/1000	280,000		280,000
土地不動產所得稅	設有減輕辦法故大多為免稅	0		0
公租公課（固定資產稅等）	都市計劃稅、固定資產稅按日計算（空地、半年）	98,000		98,000
			小計	21,143,800

建築相關費用

建築相關費用除了建築工程費之外，還包含設計管理費、各類申請手續費、火險和建物本身的登記費用。

住宅的規模請務必和業主充分溝通後再決定，最好能在可容忍範圍內盡量縮小。決定了坪數之後，乘上地坪單價，便是基本預算（事務所的平均地坪單價是由建築基準法所規定的樓地板面積和實際施工的樓地板面積合併計算出來的數字）。

然後再參考事前進行的測量與勘查的資料，加入各項計費條件，諸如擋土牆、老屋拆除、自來水接管、防火門窗、外構費用等等。也別忘了加入70～100萬日圓不等的地質改良工程預算。

火險的部分，火災10年、地震5年的費用大約是30萬左右。

以這個案例來看，建築相關費用大約可以建物本體工程費的1.2倍計算。

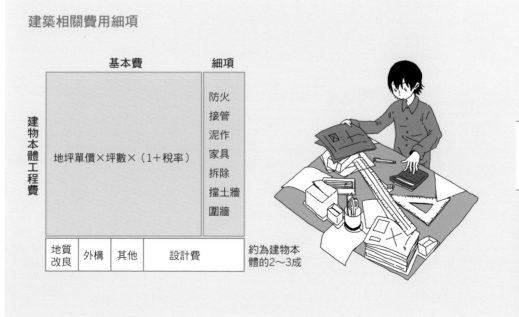

建築相關費用細項

	基本費	細項
建物本體工程費	地坪單價×坪數×（1＋稅率）	防火 接管 泥作 家具 拆除 擋土牆 圍牆
	地質改良　外構　其他　設計費	約為建物本體的2～3成

建築相關費用列表

土地取得費用		價格	消費稅（8%）	總金額
建物本體工程金額	73萬×坪數 （根據經驗值的預設）	21,900,000	1,752,000	23,652,000
地質改良	從一開始就估算好	700,000	56,000	756,000
外構工程	僅含停車場地面鋪裝 不含圍牆	300,000	24,000	324,000
工程承包契約（印花稅）		10,000		10,000
自來水接管	需確認	0	0	0
三代同堂住宅特別費		0	0	0
準防火區域窗戶額外收取費		0	0	0
擋土牆、深基礎		0	0	0
老屋拆除	根據實際需求計入	0	0	0
狹小或L型基地特別費	延長配管、人力、搬運	0	0	0
基地四周圍牆		0	0	0
其他需求增收費	地板暖氣、泥作內外裝、 傳統浴室等	0	0	0
設計費		2,700,000	216,000	2,916,000
建照申請手續費		40,000		40,000
施工會勘手續費		20,000		20,000
完工會勘手續費		40,000		40,000
三十五年固定利率貸款 文書製作費		50,000	4,000	54,000
三十五年固定利率貸款 物件檢查手續費		100,000	8,000	108,000
結構設計費		0	0	0
狹窄巷道申請費		0	0	0
都市計劃53條申請費	根據實際需求計入	0	0	0
風景區申請費		0	0	0
遠地交通費		0	0	0
火險保費・ 地震險保費	省令準防火標準 火險10年　地震險5年	300,000	-	300,000
表題登記 （無需登記規費）	地政士服務費	80,000		80,000
保存登記	代書服務費	20,000	-	20,000
保存登記規費	建物評價額 （工程費60%)的0.15%	19,710	-	19,710
不動產取得稅	建物取得分 （評價額－1200萬）×3%	0	-	0
			小計	28,339,710

⁞ 其他費用

　其他費用包括窗簾、空調、照明、家具、儀式、搬遷與建造期間的房屋租
金等等。絕大部分都可由業主每月的薪水支付，但還是建議一併列入，以策
安全。

其他費用列表

其他費用		價格	消費稅（8%）	總金額
窗簾、百葉窗		200,000	16,000	216,000
空調機組		300,000	24,000	324,000
照明		100,000	8,000	108,000
自來水管線分擔	另計	0	0	0
家具	另計	0	0	0
動土儀式	另計	0	0	0
上樑儀式	另計	0	0	0
搬遷費	另計	0	0	0
房屋租金	另計	0	0	0
			小計	648,000

5. 首次拜訪業主時，務必 「量到底」、「問到底」

⦙拜訪業主的目的

一旦進入設計階段，應趁早親自登門拜訪業主的住處。因為通常越瞭解業主實際的生活起居和原住屋的問題點，越能夠掌握新屋設計的方向。拜訪時，最好能參照以下方式拍照，並且完成一張1/100比例的平面圖，以便日後和新屋比較。

⦙確認用品擺設的狀況

根據我個人的經驗，即使換了新屋，眼前你看到的狀況就是未來新屋的狀況。很遺憾的，這跟收納的容量並沒有太大的關聯。東西多的人，搬了新家東西還是多。不善於整理的人肯定會希望你提供更多的隱藏式收納，不過花錢製作收納櫃放置一堆用不到的東西，根本是種浪費。所以不妨藉這個機會建議業主，用不著的東西在搬家之前能扔就扔。

另外，若業主家裡看起來實在很亂，也不妨先設想出解決的方案。譬如以結構合板隔間，或採用紋理清晰的材料作為房間的背景，就可以讓四散的用品看起來不至於那麼凌亂。

⦙確認大型家具和家電

務必記得要測量一下他們日後將搬進新屋的大型家具和家電的尺寸。若數量較多，可以先請業主把計畫在新居繼續使用的大型家具和家電全數列出，

做成一張包括長、寬、高的尺寸列表。

拜訪時還要記得一一確認家具和家電的開閉方式和移動尺寸，然後填入表中，同時別忘了分別為它們拍照。

除了電冰箱和洗衣機之外，也千萬別遺漏微波爐和鋼琴等這類特別容易被忽略的尺寸。

∶ 掌握收納的容量

在開始估計收納的容量之前，必須先行分類，將之分成衣物、鞋子、書籍和其他等類別。衣物又可細分成可掛的、必須收入衣櫃中的和必須特別裝箱的。可掛的衣物要以它們的寬度加總計算，必須收入衣櫃中的和特別裝箱的則要以體積計算。鞋子最好也要以排列的寬度加總。書籍則必須以開本的大小，分別記錄它們的寬度。

另外也別忘了屋外的用品。一般住家的車庫和戶外儲藏室裡頭的用品，數量也都相當可觀。

日常用品容量以寬度和體積計算

可掛衣物

根據下擺的長度分別計算

鞋子

分別計算一般高度的鞋子和高度較高的馬靴或雨鞋

書籍

根據開本類別的厚度計算

W
總寬度

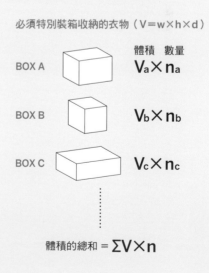

必須特別裝箱收納的衣物（$V = w \times h \times d$）

	體積　數量
BOX A	$V_a \times n_a$
BOX B	$V_b \times n_b$
BOX C	$V_c \times n_c$

體積的總和 $= \Sigma V \times n$

⠿ 聽取基本需求

大致瞭解了業主的生活起居和收納需求容量之後，接下來不妨也順道聽取一下業主最基本的設計需求。

以下是幾個最容易對整體設計造成制約的項目，儘管重要性頗高，但也可能因此而嚴重限制了設計的發想，結果設計出來的住屋反而會顯得乏善可陳，為此，你只需大致問一問，並且將業主的解釋整理成文字，做成簡單的筆記即可。

停車場

要是基地的面積有限，業主在停車方面的需求往往會是設計時最大的制約。不妨先問問業主，需要停幾輛車、停車的方向（與房子呈直角或並列停駐）、車子的類型、乘坐的頻率等等。因為汽車也可能汰換，所以也不妨確認一下業主現有的車輛還打算開多久。

人數與家人相處的特點

家庭的人口組成會直接關係到住家的規模與動線，因此請先確定業主在日後入住新居時的有哪些人。要是長輩會常來過夜，也不妨探問一下是否需要安排一間專用的客房和獨立的LDK等等。

生活機能與使用習慣

LDK究竟該設置在一樓或二樓永遠是設計時的一大問題。所以別忘了確認一下業主對浴室、臥室等空間安排的想法。

要是發現業主很在意家事的動線，則不妨探聽一下業主是否需要一間食材儲藏室，以及對洗衣機、曬衣和收納空間三者關係的認知，喜歡怎麼樣的安排。同時也確認一下他們家習慣睡床鋪還是榻榻米，對棉被的收納有什麼特別的想法等。

只要能就眼前的生活一點一點探問，肯定很容易就挖掘出業主真正期望的實用性，進而也能找到許多正待你去解決的問題點。

房屋的性能

　　有關於耐震和斷熱之類的問題，因為設計時我們大多會另行思考，所以聽取這方面的需求時，通常並不會給設計帶來什麼特別的影響，不過為了提高業主的滿意度，不妨也確認一下業主目前居住環境的冷熱、結露和積雪的狀況，以及業主家人各自對冷熱的感受等等。

方位與宗教的需求

　　若是發現業主家中設有佛壇或神龕，不妨探問一下他們的宗教以及對於方位的要求，尤其別忘了確認佛壇的方位。

6. 透過實際照片 掌握業主的需求想像

⦂住起來舒適安心的家

會找建築師事務所設計房子的業主，他們真正的需求，一言以蔽之，就是想要擁有一個「能讓自己和家人舒適安心的家」。為此，最亟待建築師瞭解的，就是這個家庭有別於其他家庭的特色與性格。

不過，一旦進入了需求聽取的階段，或許是因為只許成功、不許失敗的認真心情，許多建築師很可能會從一開始就把業主的需求，譬如房屋的性能、生活的機能與實用性，全都鉅細靡遺地化成數字和文字敘述。然而，這麼做卻可能適得其反，讓這些數字和文字成為他們設計時的限制，感覺綁手綁腳，到頭來反倒更遠離了業主原本那個「舒適安心」的夢想。

那麼，究竟如何才能掌握業主心目中「舒適安心」的想像，而不至被表面上排山倒海而來的需求給淹沒呢？

⦂製作剪貼簿

只根據一份需求清單，不管再怎麼樣鉅細靡遺地聽取業主需求，也都無法分辨出業主需求的優先順序；即便你嘗試去分析、定義這些的需求，也只會讓你更感覺左支右絀。**要想讓業主清楚地表達出他心目中對於「舒適安心」的抽象想法，**最好的方法就是使用案例相片和清晰可見的插圖或圖解。因為再怎麼難以用言語表達的偏好或需求，一旦有了具體的相片和插圖，即可省卻文字的描述和數字的累積，而讓業主能夠清晰地傳達出他的想像。因此，一旦準備好要開始設計時，可以要求業主：「請自己做一本剪貼簿，不必拘

泥於形式，只要讓我知道你貼上這些相片的理由就行。細節的部分我們會在設計過程中再進一步討論。到時候你的需求要修改也都還來得及。」如此一來你就能真正掌握業主的需求了。

　　此外，**業主在蒐集相片的時候，其中一半不妨使用你事務所的案例相片，這樣會更容易讓你體會出業主要的是什麼，另一半則不妨請業主透過Pinterest之類的網站，蒐集具體的設計案例。**因為完全無視於設計的概念，只是憑空想像著方便性、實用性，而蒐集來的看起來很棒的相片，並無助於達成你們彼此對於「舒適安心」這個目標的共識，反而只會讓你更加地一頭霧水。

剪貼簿範例

請業主加上簡短的文字說明

Pinterest網站的範例

http://www.pinterest.com/

125

剪貼簿的解讀

業主的剪貼簿可以說是一本視覺印象的集合，它確實不容易直接轉換成具體的＝設計，但是必要的訊息你仍舊可以用口頭詢問的方式取得，因此在解讀的時候，不妨依序向業主提出你的疑問。**豐富的相片應該可以帶給你無限的想像空間，進而發揮你的設計能力。**

決定主題

首先你得決定房屋設計的主題。譬如對於這個家庭來說，「舒適安心」代表著怎麼樣的意涵？是一個能夠增進家人彼此感情的家呢？還是一個得以充分感受到自然環境的家？或是一個改變家人生活習慣的家？請針對這類抽象的問題，一邊打開剪貼簿裡的相片，一邊和業主閒話家常。**一旦你感受到「在房屋性能與生活機能之外，對這個家庭來說最重要的是什麼」的當下，就表示你已經掌握到主題了。**

對於造形與素材的偏好

有了相片，你即可一目瞭然業主對於房屋的造形、使用的素材、顏色的偏好。相片裡都是一些具體的物件，所以你理當很快就能掌握業主對於型態的偏好。回想過去遇過的業主，我通常一眼就能判斷出這個人喜歡箱型的結構，那個人會特別偏愛坡面屋頂等，而且這樣的偏好通常會始終如一，不大會改變。這時候，你不妨一邊把如何解決斜線限制、西曬，如何善用太陽能之類的問題放在心裡，一邊告知業主，實現他偏好形式的具體方法有哪些。

剪貼簿

近似學校實驗室的住屋

偏好箱型的外觀，但也喜歡結構外露的坡面屋頂

地板的高低差

外觀印象

內部印象

完工後

從正面看是一間箱型屋，從側面看則有著坡面屋頂

有著交叉式樓層的結構，天花板則是結構外露的斜面；地上鋪設的則是類似學校實驗室裡的拼木地板

127

CHAPTER *4*

實現高水準設計的
七大簡單準則

這一章,我將介紹幾個
既簡單又能夠提升建築魅力的「秘技」。

1. 量體關鍵在於 「正方形＋簡單」

⁝用四方形打造外觀

完成了基地和相關法規的查詢之後，接下來就是決定量體（確定建築物的大致輪廓），找出能夠同時滿足法規要求和業主需求的單純外型了。這時候，你無需標新立異，請務必排除任何造作，「單純地」下筆即可。

最理想的形狀就是四方形。不論是透過Google地圖上的空照圖看到的街區建築造形，或從書本或網路上查到的東西方知名建築作品，你會發現它們的平面幾乎都是由一個或多個四方形所組成的。也就是說，**只要知道如何用四方形去整合基地所有的條件，就已經答對一半了。**

同樣的，單純的長方體只要稍作一點修正，也就能製造出多種變化。不過，在決定以四方形做為雛形的同時，也別忘了照顧到建築的規模和整體的協調性。

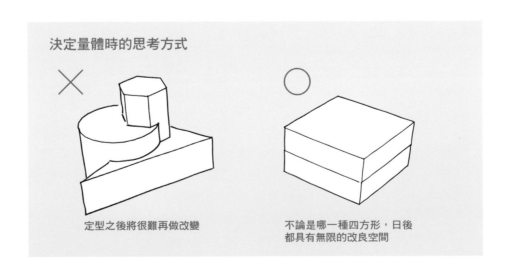

決定量體時的思考方式

✕　定型之後將很難再做改變

◯　不論是哪一種四方形，日後都具有無限的改良空間

思考建築規模時，記得考慮價格

規劃住屋的時候，**請先用最單純的條件畫出量體**，譬如「正方形平面、二樓透天（或一樓平房）、面積稍小的nLDK」（nLDK＝n套客廳‧餐廳‧廚房）。之後，整體的規模則可透過法規限制、居住人數、事務所的平均地坪單價等條件來決定即可。

這個階段完全無需考慮室內格局的細節，頂多參考一下其他房屋公司相同規模的案例就可以了。千萬記得，先求出標準答案，不要一下子衝得太快。

狹小基地的焦點在停車場

要是屬於面積較小的基地，則必須在規劃整個建物之前，先行規劃出停車的空間。倘若土地不及40坪，建物的外型大多會取決於停車場的位置，所以在決定住屋外型之前，先把停車場給搞定再說。停車空間最好的形式是汽車與房屋並列，請盡量不要把房屋設計成Ｌ字形。此外也請留意汽車與玄關的關係——要是設計成停車之後就打不開玄關門、或者出入家門都得學螃蟹走路，那可就要貽笑大方了。

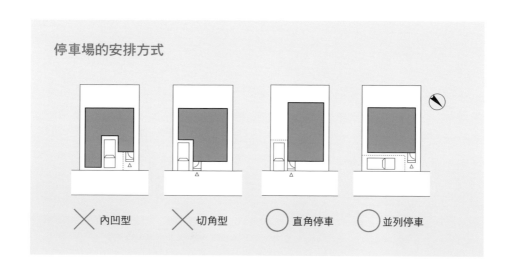

停車場的安排方式

✕ 內凹型　✕ 切角型　○ 直角停車　○ 並列停車

● 斜線至少會影響兩個方向

　　市區內的建築外觀大多取決於建蔽率、容積率和斜線限制。這些都是決定量體的關鍵，所以理當必須先做好事前的查詢功課。倘若基地的四個方位不是朝著正方位，則至少會有兩個方向可能涉及北側斜線和高度斜線。這是新手建築師最容易失手的一大重點。另外，地積測量圖的方位大多是以磁北為準，這點也請特別留意。

兩個方位涉及一種高度斜線的狀況

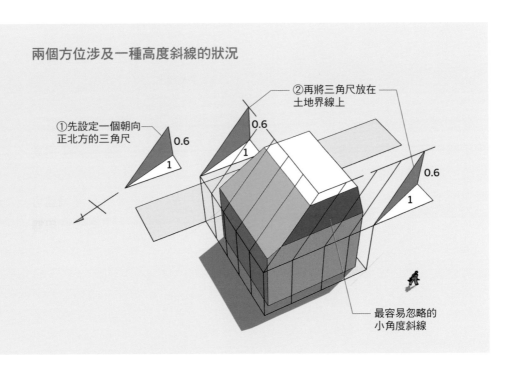

①先設定一個朝向正北方的三角尺

0.6
1

②再將三角尺放在土地界線上

0.6
1

0.6
1

最容易忽略的小角度斜線

　　就設計上來説，斜線限制的確是一種制約，但是因為鄰地也受到了相同的斜線限制，因此對建築本身而言還是有好處的。譬如只要反過來利用高度斜線製造上方的空間，那麼即使基地位在密集住宅區，一樣可以打造出光線充足的住屋。

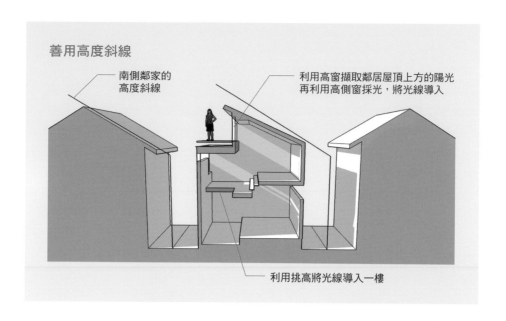

善用高度斜線

南側鄰家的
高度斜線

利用高窗擷取鄰居屋頂上方的陽光
再利用高側窗採光，將光線導入

利用挑高將光線導入一樓

　不過這樣好像是在鼓勵你盡量配合斜線限制去設計，其實不然，是否需要完全順應斜線限制來作設計這點還是有待商榷的。因為過多的斜線會形成過多斜面，不論在造形和內部裝潢上，都會給人一種紊亂的感覺。所以**請盡可能地找出單純而且給人安定、穩重的幾何造形，譬如在斜線的範圍內採用雙坡式屋頂。**

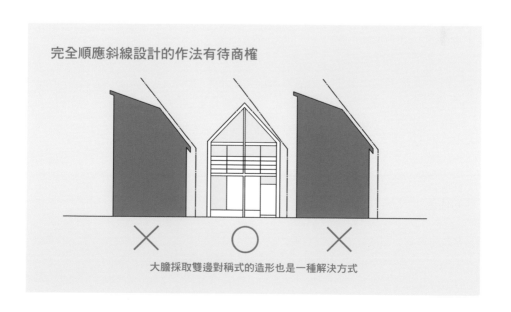

完全順應斜線設計的作法有待商榷

✕　　○　　✕

大膽採取雙邊對稱式的造形也是一種解決方式

：屋頂的形式必須顧及業主需求

屋頂的形式大多會根據業主需求來決定。但是業主的喜好非常多樣，有的人偏好坡面屋頂，有的人卻對四方形的形式情有獨鍾。

有些個案則會為了設計閣樓而刻意拉高屋頂的高度，或者為了能夠使用太陽能發電而將屋頂設定為坡面。不論如何，要想確定屋頂的形狀、屋簷的長度和角度，除了必須留意法定的斜線限制之外，也別忘了顧及業主的需求。

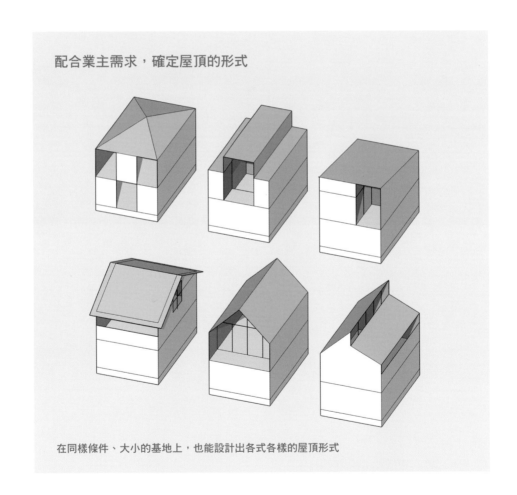

配合業主需求，確定屋頂的形式

在同樣條件、大小的基地上，也能設計出各式各樣的屋頂形式

以不同坡面組合而成的特殊屋頂。不僅確保了住屋二樓的視野，同時
也盡可能拉低了屋簷的高度，以避免夏季的烈日

2. 規劃室內格局之前 先決定外觀

∷不以格局為設計發想的基準點，平面的佈局之後再說

完成了決定量體的作業之後，大多數的建築師常隨即進入室內格局設計的階段。

然而，先決定了室內格局，才開始思考屋頂、窗口的作法，恐怕很難設計出叫好又叫座的建築作品。簡單來説，在開始設想室內格局之前，請務必先完成外觀的設計。所謂外觀，就是建築物的輪廓，實際上若不先確定輪廓，根本不可能設計內部的格局。

相對於傳統舊式的「格局→窗口→屋頂→結構」的住宅設計流程，**我認為最理想的設計流程應該是「外觀→空間→架構（骨架）→格局」**。亦即必須先決定好輪廓，製造出空無一物的空間，然後加入骨架，最後再決定房間的配置。儘管和過去常用的流程完全相反，但我認為這才是發想建築創意的最好流程。

✕ 格局→窗口→屋頂→結構

○ 外觀→空間→架構→格局

▋以「過渡空間法」來決定外觀

　　過去在學校授課的時候，我曾經要求同學們「把重點擺在過渡空間，再從過渡空間的角度去思考外觀，嚴禁先畫出室內格局」。所謂「過渡空間」，指的是兼具室內與戶外性格的「緣側」或「戶外咖啡座」之類的空間。這門課因為是必須畫剖面詳圖和結構圖的工法課，要是我什麼也不說、任由大家盡情發揮，通常同學們交出來的功課大多趨於保守而且缺乏創新。但是一旦我提出了這個要求，同學們幾乎都能在極短的時間內，發想出變化多端的各種創意造形。

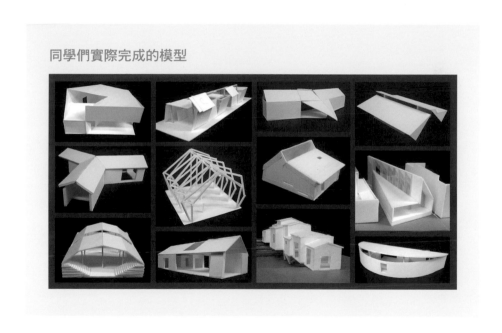

同學們實際完成的模型

　　明明是在設計外觀，而我卻要求「從過渡空間的角度思考」。之所以這麼做其實是有原因的，因為當我要求同學們「思考造形」的時候，大家自然會像雕塑一樣，就外觀去思考造形的美感和樂趣，從而也就會天馬行空地發想出如圓形、三角形之類一些平常意想不到的形式。

　　一棟建築佳作，幾乎毫無例外地，在室內與戶外之間，一定具備「兼具內外雙重性格而且魅力十足的區域＝過渡空間」。也許你會認為我這樣的做法是在走捷徑，但是只要親自嘗試過一次就會發現，當你把這塊區域做為發想創意的第一步時，之後根本無需再為了平面和室內格局的安排傷任何腦筋。而且這個過渡空間將會同時成為你設計外觀和內部空間的基本參考點，讓之後的作業進展得更為順利。

　　這樣的設計手法效果絕對超乎想像，為了便於你記憶，以下我簡稱為「過渡空間法」。

　　如下圖所示，過渡空間的樣式繁多，而且樣式當然不僅這些，建議你務必親自嘗試，一邊參考具體的案例、一邊思考其他還有哪些樣式。

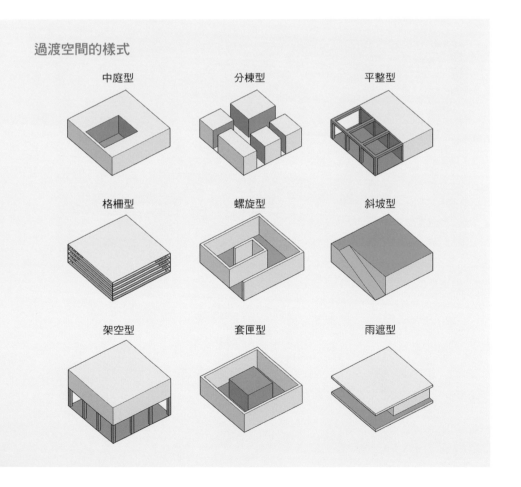

過渡空間的樣式

中庭型　　　　　分棟型　　　　　平整型

格柵型　　　　　螺旋型　　　　　斜坡型

架空型　　　　　套匣型　　　　　雨遮型

你也可以同時採用數種不同的樣式，將它們結合起來。如柯比意所設計的薩伏瓦別墅（Villa Savoye）便結合了底層架空和中庭型兩種樣式；東京上野的西洋美術館則是底層架空和螺旋型的結合。總而言之，這種搭配組合變化萬千，你一定也能發想出屬於你自己的過渡空間。

將建物的邊角削出一面三角形後規劃而成的原創過渡空間

3. 建築的開口是設計「間戶」而非「風眼」

窗的設計

　　如果你曾比較過建築師事務所、營造公司和房屋公司的成品，你一定會覺察到，它們之間最大的差別就在於窗口的設計。

　　如果用人的相貌來比喻，窗口重要的程度就相當於眼睛和鼻子。甚至我們可以說，光看窗口就可以看出建築師的設計功力。哪怕是一棟工整得像顆骰子的正方形建築，只要窗口設計得宜，便立刻能產生畫龍點睛之效，和周圍的商品化住宅形成明顯的對比。

　　營造公司和房屋公司一般的設計方式都是先決定室內的格局，然後才決定窗口的位置，然而其實**如果真要滿足房屋功能上的需求，在確立室內格局之前先思考窗口才是王道**。甚至只要你放棄「在兩根柱子之間安排一扇左右拉窗」的習慣，房子的表情就大為改觀。

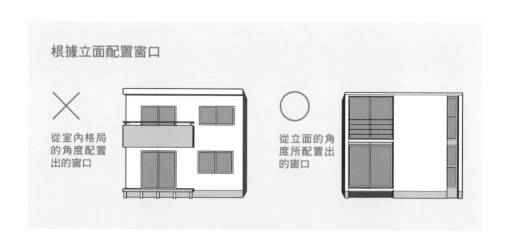

根據立面配置窗口

✕ 從室內格局的角度配置出的窗口

◯ 從立面的角度所配置出的窗口

間戶
日本傳統的
開口

風眼
西方傳統的
開口

●「窗」字源於「間戶」和「風眼」

　　在日本的傳統建築裡，所謂的「開口」其實是指移除所有的建築元素，僅保留樑柱後所形成的建築型態。因此才會有人認為，日語的「窗」（mado）一字源自於「間戶」，亦即柱子與柱子之「間」（ma）的窗「戶」（to）。

　　而相對於日式建築的開口，西方傳統的開口則是一種在磚牆上打洞的形式。因為window這個單字正是由wind（風）和 ow（洞）所組成，望文生義就是所謂的「風眼」。

141

把整片牆面打掉後所形成的「間戶」和在牆上打洞後所形成的「風眼」，帶給人的大小和開放感是全然不同的。因此，當你在**設計開口的時候，最好把「間戶」和「風眼」視為兩種不同的設計概念，切勿將它們混為一談或者等同視之**。

⁝ 透過「間戶」製造空間的通透性

即使沒有樑柱，只要把相鄰的兩個面分別處理，便能形成「間戶」。所以**當你採用過渡空間法思考外觀的時候，若是需要一面用來「製造內外一體」的大型開口，不妨透過「間戶」的手法來進行設計**。因為只要把兩個面分別處理，即可讓空間瞬間豁然開朗，並且能有效地納入戶外的風景、光線和氣流，成功地形塑出一個過渡空間。你可以利用一面緊貼著天花板的全高式落地窗，把整個平面打掉，或者打通牆面、地板、天花板的邊緣，把原本相連的平面切割開來。

設置窗口的時候，則不妨盡可能地整面「貫穿」。而且要以面向戶外的開放空間作為基本原則。如此一來，就能更加凸顯出室內的空間感，看起來會更為寬敞。至於「間戶」的內側，也別忘了設成多人聚會的空間，否則這樣的設計就失去意義了。

⁝ 透過「風眼」製造設計的一致性

住家的窗口若是全面都採以「間戶」的手法設計，雖容易製造出設計的整體感，不過絕大多數的情況下，**小房間的窗口還是要用「風眼」的手法進行構思**。室內的窗口基本上怎麼設計都行，問題是朝向戶外的窗口。為了避免過於高調，朝外的窗口數量是越少越好，而且以小型窗口為佳。

要是非得設置多個窗口，則請務求形式統一。譬如一律採用正方形、細長窗，或長方形窗。只要統一窗口的造形，就無需在意數量的多寡了。

理想的「間戶」形式

窗口整面以水平橫向貫穿

間戶的內側
設有可休憩
的平台空間

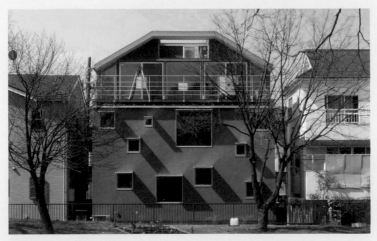

形式統一的「風眼」設計

143

⁝ 多方與上方的採光

傳統日本建築的室內空間通常都是昏昏暗暗的。原因除了因為有深低的屋簷遮蔽住光線之外，另一個理由就是傳統上日本的建築習慣把開口集中在南面。

開口一旦集中在南面，屋子的中央和北面的位置自然會顯得陰森昏暗，甚至連南面的牆壁內側也幾乎黯淡無光。

鄰宅和窗口的關係當然也不可忽視。在市區我們常會看到一種設計：不僅南面的光線已經被鄰宅阻擋，竟然還在一樓客廳的正前方設了一面大窗口。這樣的設計，不只讓室內空間昏暗，也會讓居住者只能整天面對著鄰居的牆壁，簡直毫無特色可言。

多方採光的窗口設計

要想避免製造出低眩光（因為光亮處與四周圍的亮度差而產生的刺眼感）的室內環境，最好的方法就是**「多方向窗口」**的採光方式。而且透過兩個或三個不同方向的窗口，既可加大室內空間感，又能強化室內通風。

另一個技巧是**「越高的窗口面積越大越好」**。一來是因為太陽永遠都在斜上方，二來則因為窗口越高阻擋光線的障礙物越少，所以設置高窗永遠是最容易達到採光效果的方法。若是室內中央再安排一段挑高設計，即使是密集住宅區的房屋，也能讓屋內白天不必開燈。這種挑高設計還會因為室內溫度差產生的煙囪效應（較輕的暖空氣上升，推動冷空氣下沉的現象），而形成自然的空氣流動。

越高的窗口面積設計得越大越好

4. 利用「骨架─填充」的手法打造開放空間

：「骨架─填充」的設計理念

　　以過渡空間法完成了建築大體形式、然後加上窗口，大致決定了外觀設計之後，接下來你必須從相反方向，從建築的內側向外看。也就是説，這時候你可以開始準備形塑外皮內側的空間魅力了。

　　這個階段的**目標是要利用「骨架─填充」的方式（Skeleton Infill，一種將結構體與內裝、設備分別處理的設計概念），塑造出類似日本傳統民宅式的開放空間。**亦即形塑出一個既寬敞、能在裡頭自由活動，同時還能夠感受到過渡空間帶來開放感的空間。

　　可是在要求高隱密性的現代建築裡，該如何實現這樣的「開放感」呢？

　　這時候最能作為參考的，就是木造住宅上樑時的光景。所有的房屋唯有在上樑的時候看起來最為寬敞，哪怕是一間完成之後感覺非常狹小的屋子。暫時先別去管建築本身的功能，只要把這個上樑時的只有骨架的這種開放狀態，一直維持、延續到完工，這樣就算及格過關了。

利用「骨架—填充法」實現的日本傳統民宅（日本民家園的北村家住宅）

將上樑時的開放狀態維持到完工的現代住宅

∶減少隔間、製造空間通透性

只要把所有的功能塞進房子裡，隱密性的維持輕而易舉，根本不是問題。
然而，當房間越隔越多，空間感也會越變越窄小。所以這時候，**最好堅持做
「最低限度的隔間」**。有些房間可能並不需要把視線、聲音、氣味、光線等
等完全隔絕在外。譬如主臥室和用水區域一定需要獨立的隔開，但是小孩房
只需隔絕視線即可，其他皆可保留。

要是非隔絕不可，建議你把入口做成「推拉門」，因為只要有推拉門，就
很容易對外開放。

形塑開放空間的方法還有一個，就是**維持建物內部兩端的通透性。**最理想
的方式，就是用「間戶」的效果來貫穿內外。只要極力排除所有可能遮蔽視
線的元素，讓居住者能夠望向遠方，整間房子自然會感覺到寬敞的開放感。

減少隔間，製造空間的通透性

⠸ 透過「心天法」設計寬敞空間

　　要想成功地塑造出一個寬敞的「空間」其實並不容易，因為畢竟這樣的空間既空洞又不具實體，往往會讓新手建築師不知道該從何下手。

　　這裡提供你一個絕招，即使在空無的狀態下，一樣也能透過這個手法把空間的魅力給襯托出來。這個絕招就是，不從平面去思考，而從剖面的角度來發想。我把這個方法命名為「心天法」*。

　　你不妨設想一下剖面的效果。好比說挑高的空間，會給人開放的感覺，高度稍低的天花板則會讓人覺得更有安全感，過低的天花板則會使人感覺壓迫。即使是對牆壁落差感受遲鈍的人，只要天花板高度一改變，也會立刻覺察。地板也是如此，只要在地板上稍微加入一點高低差，任何人都能感受到其中不同的空間性格。換言之，只要在空間中製造出剖面上的高低差，即可影響居住者的感受，甚至可能改變居住者原本的活動習慣，譬如會很自然地將高處視為緣側、坐在上頭聊天喝茶，形成一處休憩的場所。

*心天（tokoroten），是一種類似粉絲的日本食材，製作時因為必須使用一種叫做「空突」的工具，將原料置入其中，然後擠壓成形，作者以此命名，意在「從無到有」（譯註）

透過心天法設計而成的寬敞空間

根據這個手法，先以加入或排除自然元素，譬如加入雨水、排除局部的日照，然後有效地導入光線，再選出一個室內與戶外彼此相互融合的剖面，最後把這個剖面像「心天」一樣，向內推擠成立體的空間。

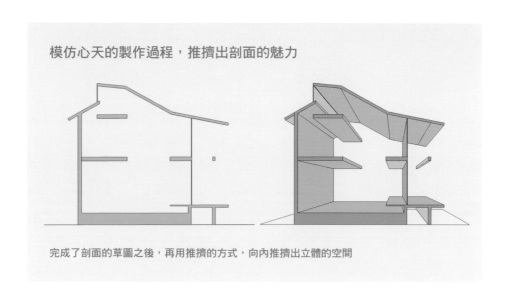

模仿心天的製作過程，推擠出剖面的魅力

完成了剖面的草圖之後，再用推擠的方式，向內推擠出立體的空間

只要你所選擇的斷面是一個魅力十足的剖面，在推擠之後，其魅力一定會持續延伸，形成一個迷人的立體空間。由於平面原本就是個單純的長方形，只要製造出了立體空間，室內格局或隔間的設計就會變得非常輕鬆。在這個設計的過程中，你只要掌握住一個重點：朝著一定推擠方向反覆進行，骨架就能自然成形，沒有絲毫的造作。

倘若是一般住宅的規模，通常利用心天法完成一至兩個量體，整個空間就大功告成了。就我過去設計過的五十棟住屋的經驗，幾乎全數都適用這種心天法來設計成型。

另外也別忘了，盡量像三十三間堂那樣，維持推擠方向的通透性，然後把用心天法推擠出的中間或末端區域挪出一部分視為戶外，過渡空間即可輕易取得。實際上，安東尼雷蒙（Antonin Raymond）正是用這個手法設計了井上房一郎的宅邸。

用心天法設計出來的屋子必定能和過渡空間完美搭配

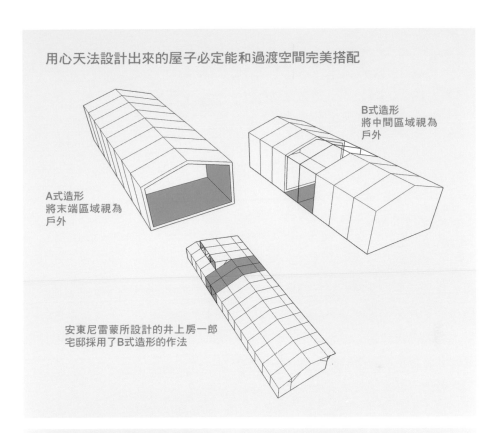

A式造形
將末端區域視為
戶外

B式造形
將中間區域視為
戶外

安東尼雷蒙所設計的井上房一郎
宅邸採用了B式造形的作法

心天法A式造形的案例，將末端設計成陽台

5. 設計骨架與樣式 以「一致」為原則

留意結構、斷熱和構法

　　由於這種自由度較高的開放式設計，仍缺乏室內格局的耐震效果，因此你還需要在結構上費點心思。而且要是近似挑高處較多的大套房，若不提高斷熱功能，入冬以後，空蕩蕩的空間會讓人更覺單薄而冷清。為此，斷熱的效果也絕對不可忽視。但是反過來說，只要做好結構和斷熱這兩點，要形塑出一個完美無缺的寬敞空間其實一點也不困難，其他就沒什麼需要特別顧慮的了。譬如一間適用三十五年固定利率貸款的住宅，只要在外牆和屋頂設置了通氣層，確保基礎高度為400，同時確實做好防風層施工，後續的工序都將水到渠成，不會有什麼大問題。

耐震的效果要由四周取得

　　結構方面只要採用最不受工班能力所左右的合理化工法（力圖節省人力、縮短工期的工法）即可。地基可採用筏式基礎（建物下方全面鋪設板狀RC結構的基礎），地板則可採以無地樑（用厚合板取代地樑的一種工法）和無平角撐的樣式，牆壁的部分即便是傳統的木造建築，亦可以近似2╳4工法（北美最常見的，以合板和框材為面，可抗重力、地震、強風的工法），直接在樑木上釘上結構板材固定牆面，即可在沒有任何交錯的框架下輕鬆完成。

　　外圍的柱體部分要以910mm的間距，耐力牆基本上則建議設在房子的四周，並以日本建築基準法所規定的1.5倍為標準。如此一來，既無需擔心室內會受到地震或強風的影響，也無需考量重力問題，也因此就能輕鬆實現少隔間且開放的室內格局。

若在閣樓空間也要採用這種開放式設計有一個秘訣：屋頂最好以厚合板固定。屋頂採用剛性建材，即可省略閣樓的柱體和平角撐，讓室內更顯通透。

屋內中央的柱體距離可在兩間（即12尺）之內，並請記得盡量讓上下樓層一致排列。更重要的是，必須在屋內的正中央立起主柱，這樣做的話，就能更容易在樓上和樓下安排同樣面積的大空間。

總之一句話，在設計室內格局之前，先完成全屋架構。設計格局時，隔間或許得配合這個架構稍作調整，但是不論如何，這麼做更容易塑造出一個完美的結構體。

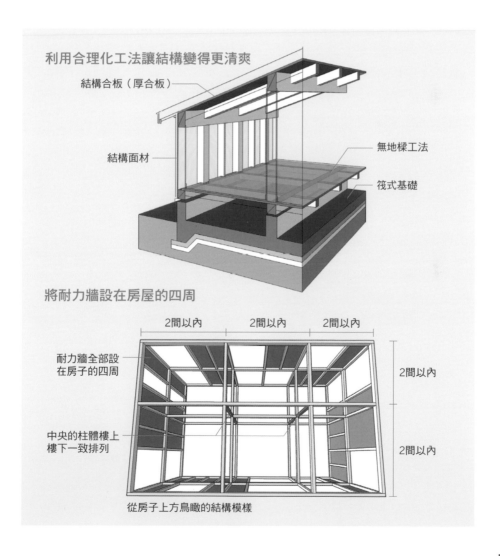

利用合理化工法讓結構變得更清爽

結構合板（厚合板）

結構面材

無地樑工法

筏式基礎

將耐力牆設在房屋的四周

2間以內　2間以內　2間以內

耐力牆全部設在房子的四周

中央的柱體樓上樓下一致排列

2間以內

2間以內

從房子上方鳥瞰的結構模樣

住宅設計應採取第四斷熱等級為基準

採用合理化構法的另一項好處是,能達成住屋斷熱和氣密的效果。其中,斷熱等級請以第四等級作為標準,因為有些房屋貸款利率會參考斷熱等級而主動調整,大多只要達到第四等的設備標準,銀行都會主動調低貸款利率。

另外是,一旦做到了第四等級的高氣密和高斷熱,即便是少隔間的開放式住宅,也只需在整棟房子中安裝一至兩台空調機,即可讓居住者感受到一年裡的冬暖夏涼。又譬如,在東京等地屬於法規限定的第六區域,地板與牆壁的斷熱只要採取填充式斷熱,即可通過法規限制。地板可採用65mm的第3B種聚苯乙烯隔熱板,牆壁可採用105mm的高性能玻璃纖維棉;而屋頂,則可選擇大約185mm左右的高性能玻璃纖維棉。

屋頂務必要設置通氣層。這樣入夏以後的熱氣才不會被悶在室內,無法排出。若只用一層上夾板,會很難同時兼顧通氣和無平角撐的結構,因此我建議最好能優先採用雙層上夾板,在上夾板之間達成通氣的效果。

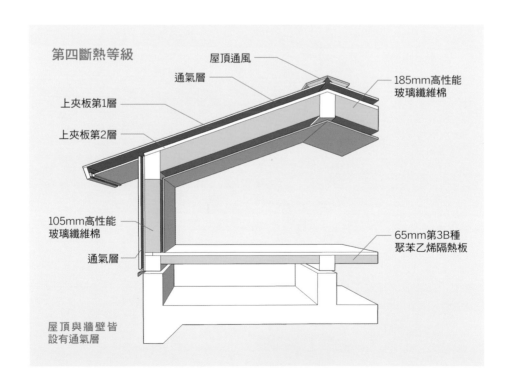

第四斷熱等級

屋頂通風
通氣層
185mm高性能玻璃纖維棉
上夾板第1層
上夾板第2層
105mm高性能玻璃纖維棉
通氣層
65mm第3B種聚苯乙烯隔熱板
屋頂與牆壁皆設有通氣層

好的窗戶不能省

熱損失最嚴重的開口部位的斷熱尤其重要。基本上玻璃必須選擇LOW-E複層玻璃以上的等級，在資金允許的範圍內，也請選擇鋁合金樹脂複合窗框或樹脂窗框。

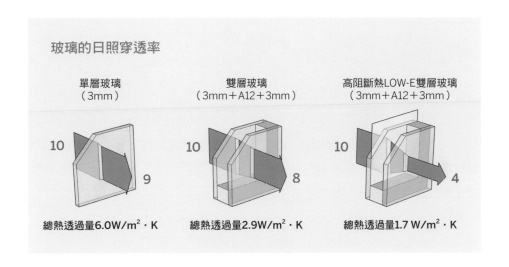

玻璃的日照穿透率

單層玻璃（3mm）	雙層玻璃（3mm＋A12＋3mm）	高阻斷熱LOW-E雙層玻璃（3mm＋A12＋3mm）
10 ... 9	10 ... 8	10 ... 4
總熱透過量6.0W/m²·K	總熱透過量2.9W/m²·K	總熱透過量1.7 W/m²·K

不過，我想你應該知道，窗戶接收的太陽能量非常之大，因此才有所謂直接受益式（direct gain）的，既不聚熱也不發電、直接擷取屋頂或四周窗口的太陽熱能這種設計手法。倘若基地的口照良好，即可透過這種方式提高室內的溫度。而要想有效地導入陽光，只要大膽地把南側的窗口換成非LOW-E複層玻璃即可。不過也別忘了利用屋簷遮蔽夏季的日照。關於各地的日照能量值，可以從新能源產業技術總合開發機構（NEDO）的網站下載取得。

6. 格局設計的關鍵：三葉草動線與開放式設計

⦂ 區域劃分時也要留意空間的通透性

確立出寬敞又開放的空間之後，就可以開始設計室內格局。這時候記得要延續前面你已經設想好的外觀、空間和架構，切勿輕易改變。

第一步，請先完成室內空間的區域劃分，特別建議先把重點擺在用水區域和收納的位置。因為用水和收納是最容易被牆壁包圍的區域，也是阻礙空間通透性的一大關鍵點。

劃分時要以「盡可能把用水區域設在角落」為原則。同樣的，臥室最好也能安排在角落。如果你打算空出牆面，不妨把每一個區塊視為一個積木，然後設法把它們一一裝進房屋這個大盒子裡。

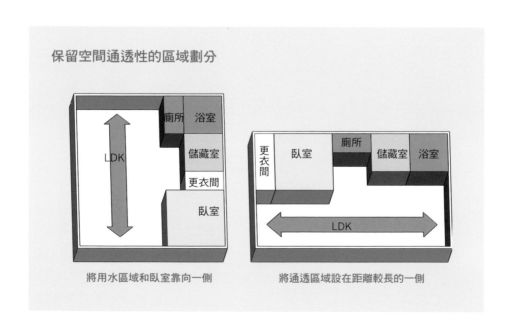

保留空間通透性的區域劃分

將用水區域和臥室靠向一側　　　　　將通透區域設在距離較長的一側

當空間中的距離拉得越長，視野就會越開闊，空間的通透性也會變得越明顯，所以請盡可能把這個視野通透的區域設在距離較長的一側。只要安排得宜，你會發現所有可能阻礙空間視野的元素，譬如用水區域和臥室，會自然靠向一側，另一側則是LDK等的公共區域。

三葉草型動線

為了維護居家的隱密性，通常會設法讓居住者在前往某一個房間時，不必經過另一個房間。這樣的想法，結果一定會形成一條長條狀的走道空間。可是走道佔用空間是很不經濟的作法，所以設計時請務必要讓「走道的面積越小越好」。透過這樣的設計原則，最後你會發現，從一開始就該「盡量把玄關和樓梯設在房子的中央」。

一旦把動線集中在房屋的中央部位，自然就會形成一種以走道、樓梯為莖，以房間為葉的三葉草型動線。也因此，在規劃房間與動線之間的關係時，建議你不妨採用三葉草的動線形式做為設計的基礎，排除掉所有可能發生的空間浪費。

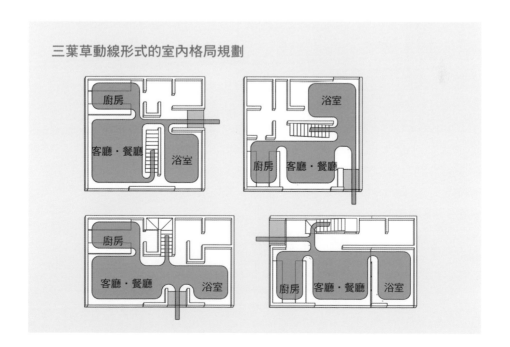

三葉草動線形式的室內格局規劃

⁝ 創造休憩空間的開放式設計

　　千萬不要以為只要確定了臥室的位置後，要如何使用都是居住者自己的事，然後就千篇一律地複製同樣的設計，草草隔間了事。儘管家中的每一位成員都需要擁有各自獨立的活動空間，但是事實上，臥室終究是用來睡覺的，只要在裡面擺放一張床即可，即使是學生、或是有閱讀習慣的人，了不起再增設一副桌椅也就綽綽有餘了。

　　換句話說，如果能夠**配合家中成員真正的活動習性，在屋內安排出一定數量的「休憩空間」，即可減少臥室的數量；要是安排得當，說不定所有的臥室都可以省略掉。**

　　所謂的休憩空間，就是不必像一般那樣用牆壁包圍起來的封閉房間，只要是一個能夠讓居住者感覺舒適、安心的角落即可。譬如可以利用家具、屏風、矮牆、地板高低差或門窗等等不至於阻礙視線的簡單設計，就能打造出足以取代臥室的舒適角落。

在同一個樓層利用地板跳階設計成的開放式休憩空間

另外如**跳階地板的高低差**，也能在室內營造出類似緣側的效果。大大的餐桌搭配寬敞可坐的階梯，就能做為開放式休憩空間來使用。

透過窗邊的高度差營造出來的開放式休憩空間

7. 房屋的第一印象取決於 「顏色和素材」

：採用專屬訂製的家具和門窗

在一般的房屋工地現場，現在幾乎所有的材料都已經模組化了，建築師只需翻閱建材的型錄，然後下單購置，工地師傅就會像組合模型一樣地把材料組裝起來，就成為一棟房子了。然而這些材料，說穿了不過是些印著木紋、花樣，號稱「某某風」、「某某式」的贗品。只要採用這類新式建材，即便不是作工熟練的師傅，也能在很短時間內以低廉的成本完成施工，而且也不會有使用者抱怨或客訴。因為如此，由建商所推出的大樓建築或公寓住宅，幾乎沒有例外，大家不約而同地走上了這條採用新式建材的「建造捷徑」。

就拿「服裝」做比喻吧，沒有人會真的喜歡穿著一身掛著名牌標籤的假貨，但是反觀價格高出好幾萬倍的「房屋」，大家卻爭相選購磁磚「風格」的外牆壁板，木紋「貼皮」的門窗、家具，塗了一層優麗旦透明漆，「看似」原木地板等等實惠卻不道地的建築材料。

身在建築師事務所，又身為負責設計個性化建築的你，可千萬不要隨波逐流。請務必要**堅持「不選用新式建材」、「僅挑選會隨著時間而更顯價值的材料」，並且選擇真正的原木地板，專屬訂製的家具、門窗、玄關、廚房。適度地讓結構體外露，選擇會留下師傅手工痕跡的外觀塗裝。**如果能夠做到這一點，你設計出來的房屋，無論內外，都會與量產式的市售房屋全然相異，而且充滿魅力十足的美感。

大膽地將結構體全面塗裝環氧樹脂漆，廚房內連同中島式流理台也請木工師傅特別訂製

外露的天花板結構全面塗裝成焦茶色，木製的內窗則是由木工師傅專屬訂製，並且嵌入牆壁內

用橫式拼接的鍍鋁鋅鋼板與木料上下組合而成的外牆

⁞ 外牆的選材

在外裝材方面，窯業系外牆壁板也像所有的贗品一樣隨處可見。

採用具備防火性能的窯業系外牆壁板確實輕鬆省事，但是大約每10年就得重新整修（必須填補高可塑性和還原性的填充劑，以便確保外牆氣密性與防水功能）和重新塗裝，其實價錢一點也不便宜。實際上選用這種材料還不如選擇無需修補、又容易製造通氣層的鍍鋁鋅鋼板製浪板來得划算。如果你不喜歡浪板的造形，也可以選擇同樣材質的裝潢板，並且視情況決定採用直式拼接或者橫式拼接。

最好的方式則是將鍍鋁鋅鋼板和木料搭配組合，把不會淋雨和容易維修的位置－－譬如一樓玄關的四周，重點式地使用木製外裝材，這樣就不會給人廉價、庸俗的印象。

⁞內裝的印象七成取決於顏色的選配

　　倘若你有意設計較高質感的室內裝潢，首先必須控制好光線。而當你決定外露結構體、或者採用泥水建材時，自然光線所製造出來的陰影，將是室內裝潢中絕對不可忽視的重要元素。

　　地板的選材方面，必須留意它的光澤。原木地板只要在上頭塗上一層滲透性較好的油料，即可凸顯出質感。在牆面上鋪上一層塑膠壁紙也不打緊，關鍵是請選擇平面的材質，避免凹凸不平的材料。倘若你選用了白色系的壁紙，建議明度要在7.5～8.0之間，這樣的視覺感受最舒適。**此外，也別忘了色彩本身的效果。尤其是白色以外的顏色或材質，對於空間整體的印象往往具有舉足輕重的影響。所以，除了地板、牆面和天花板之外，家具、門窗、扶手、樓梯的顏色搭配，也務必要投入比造形設計和室內格局更多的心力。**

　　當你打算透過牆面或天花板強調出空間的重點顏色時，不妨把重點擺在沒有開口或正方形的內側牆面，能更有效地強調出室內的進深。

外露結構體，並且將重點顏色擺在房間內側

外露木材的方法

木頭的原色本身就是一種美。

最單純的設計方式就是讓地板、樑、柱、格柵、門窗、家具,全部統一成焦茶色。顏色越少,越能展現出室內裝潢的一致性。

要是你特別偏好自然的色調,不妨在格柵、門窗、家具漆上一層天然塗料,樑柱的部分則最好採用白色系的牆面漆塗裝。不少營造公司為了和一般習慣採用大片板材鋪裝的建商有所區隔,多採取樑柱外露的設計,不過請特別留意,若是紋理清晰的上等結構體,最好塗上一層天然塗料,更能表現出建材本身的自然原味。

將格柵、門窗、家具全面漆上一層天然塗料

● 黑髮理論

　　若全面採用淡色系的設計，室內往往會給人一種不知道重點在哪的整體印象。這時候**不妨加入一些暗色系的元素，並且將它視為設計的重點。**這種設計手法，可能和我們東方人大多是黑髮有關，在視覺特別習慣淡色的皮膚上有著黑色點綴的搭配。

把設計的重點擺在暗色系的元素上

CHAPTER *5*

第一次簡報

完成了自己滿意的設計，要是未能清楚地傳達出去，
就不可能得到業主的信賴。
這一章，我將說明究竟該選擇怎麼樣的方式，
該讓對方瞭解到怎樣的程度等等，
足以讓業主打從心底滿意的簡報鐵則。

1. 簡報的方式
決定簡報成敗

簡報的種類

任何一項設計，只要展示的方法得宜，得到的正面評價往往超乎想像。因此，建築師事務所的成員平時就該學習並且熟練簡報的方法和技巧。

不過，簡報看似只有一種方式，其實不然。建築界的簡報大致可以分為兩大類，第一類是為了要在數家建築師事務所當中脫穎而出、獨得新客戶的青睞，讓對方願意把設計的任務授權給我方事務所的速成型簡報。另一類則是為了確定設計內容，在設計過程中定期與業主討論時的常態性簡報。因為目的不同，展示的方式也就截然不同。

首先，前者會將重點擺在要讓業主明白，相對於其他的事務所，我方事務擁有的絕對優勢，同時也是最懂得掌握業主的需求、最適任這項專案的設計公司。

這種情況的提案，大多都是一次決勝負的，所以更需要掌握「吸引」業主眼球的先機。一般來說，為了讓提案看起來更具吸引力，此時的簡報多半會主動提供最容易讓業主進入情況、產生具體印象的展示品，譬如模型、透視圖、照片等等，然後再加上圖文並茂的解說。絕大多數的新手建築師對於建築簡報的印象，幾乎都是這一類的簡報形式。

在準備這類簡報的時候，大半的建築師會把焦點放在如何凸顯提案本身的優點。不過由於真正的目標是要拿到合約，光是說明設計的優勢顯然是不夠的，還必須在提案書中加入事務所具備的專業知識和技術經驗的說明，譬如對於經費、建築性能、工程監造的掌握能力。

而第二種簡報，最主要的目標則是必須清楚地說明建築師的設計概念或設計的方向，同時讓業主意識到這樣的規劃確實符合了他的需求。因此在簡報時，最重要的就是必須正確地傳達出建築師的設計重點和設計樣式，並且讓業主充分瞭解。因此這一類簡報必須提供給業主的資料，通常在基本設計的階段會以模型為重點，而在正式設計的階段，則以圖面和規格書做為簡報的重心。

開發新客戶的速成型簡報v.s.給業主的常態性簡報

開發新客戶的速成型簡報

必須獨得客戶的青睞

必須讓提案看起來更具吸引力

必須準備諸如模型、透視圖、照相等 讓業主產生具體印象的展示品

給業主的常態性簡報

試圖取得業主的共識

正確傳達設計的方向與樣式

以圖面和規格書為重心

⦂ 別讓業主挑選

　　判斷力永遠需要豐富的經驗和知識。要想讓**第一次面對建案的業主自行做出正確的判斷，幾乎是不可能的**。因此，簡報時提出數個選項，交由業主自行去比較、選擇，這樣的方式看似民主，實際上未必能帶來好的結果。最好的方式還是由事務所自行比較，挑選出最佳的方案，然後再經由簡報的方式告知業主。

⦂ 不要事前提供資料

　　此外，當面進行口頭說明或者和業者一起看資料，和讓業主自行去解讀資料，兩種方式的效果天差地遠。要知道，事前直接將簡報的資料（譬如圖面）寄送給業主，任由業主去解讀，很可能會讓業主誤解事務所原本的用意。換言之，穩健的方式是，事先提出幾個問題，讓業主去思考、揣摩，簡報資料還是在討論當天再當面展示給業主看為宜。

⦂ 別讓業主畫圖

　　在這個行業裡，我們偶爾也會遇到幾個具有設計或建築背景的業主，他們可能會主動畫好室內格局圖。不過不論他們圖畫得再好，在每天製圖的建築師眼裡，終究是漏洞百出的。可是業主一旦畫了、也交給你了之後，肯定會很難假裝視而不見或者斷然拒絕。為了避免這樣的尷尬場面，當你遇到這類從事設計、建築工作的業主時，最好在一開始就清楚表明，「您可以儘管提出您的需求，我們會幫您畫圖」，這樣才可能讓案子進行得更順利。

絕對不可對業主做的四件事

①讓業主挑選設計案

②事前把簡報的資料交給業主

③讓業主畫圖

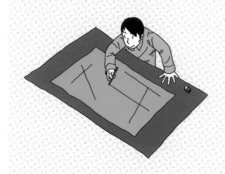

④對業主的意見充耳不聞

⁞ 要聆聽業主的意見

　　和業主討論的時候，我們常會聽到一些叫人不置可否的想法或意見。不過哪怕只是業主一時之間的突發奇想，都必須仔細聆聽，虛心接受。畢竟越是經驗老到的建築師事務所，設計的手法越可能流於僵化，而業主的意見正好可能是打破「預設和諧」（Pre-established harmony）的機會。在實務中，只因為業主的一句話而改變了建築師的原訂方向，達成意想不到之結果的狀況其實極為常見。

171

2. 以單純的矩陣 來傳達「概念」

∷ 概念是最重要的「設計前提條件」

　　簡報主要的目的，是要讓業主理解、認識設計的方向或主題。在**建築設計的領域裡，我們習慣把這個「方向或主題」稱之為「概念」。**

　　概念這個名詞對絕大多數建築系的學生來說，應該從一年級開始就早已耳熟能詳。但是在學校教書時，每當我問同學們，「你認為這棟建築的概念是什麼？」的時候，學生們的回答卻往往只是一種具體的「期望」或「想法」，而不是真正所謂的概念。譬如同學們可能會説，「它的概念就是一面用亂數排列的窗口所組成的曲面牆壁」。聽到類似這樣的回答，我總會在心裡自問，「究竟是什麼原因會讓一個建築系的學生產生這樣的誤解？」因為我完全無法理解他的意思。

　　那麼，我們就來看看這位同學的「概念」究竟哪裡出了問題。

　　第一個問題是，他並沒有説明這棟建築之所以會採用曲面牆壁的理由和建築師在設計時的思辯過程。要知道，基地和業主會不斷地更換，因此建築設計的前提條件自然也會隨著建案而改變。而這位同學在千百萬種的前提條件當中究竟看到了什麼，才會指出這一段曲面牆壁？他所挑選出來的前提條件，又真的那麼重要嗎？假設真的很重要，那麼，採用曲面牆壁的設計手法真的是個正確的解決方案嗎？難道沒有其他更好的解法？倘若有更好的解法，那個解法又是否真的能夠實現？唯有能夠回答出這一連串的問題，概念才可能具有説服力，讓人心服口服。事實上，只要你能清楚地説明**「建案中的幾個關鍵的設計條件和課題最合理且能具體實現的解決方案或化解手法」**，即便是型態或空間再如何複雜的建案，業主也一定能夠立刻明白你的意思。

以下不妨來思考一下「橫濱大棧橋國際客輪航站」這個案例。

橫濱港口大棧橋是個建在一座朝向外海突出的防波堤上，作為「具有海關功能的國際客輪轉運站，和供不特定人數遊客使用的城市公園」的大型建築。在設計的過程中，建築師為了把海關安排在防波堤的中間，而衍生了一個問題：大型船隻停泊時，必須經過重重的阻礙才能進入海關大廈。其實這也正是這項建案最關鍵的設計重點。

結果扎拉波羅（Alejandro Zaera-Polo）和穆薩維（Farshid Moussavi）兩位建築師不僅透過「曲面的地板」化解了這個動線問題，更以屋頂和室內無階梯的手法，在海上成功打造出一座平緩而連續的立體公園。

這種「地形式建築」確實叫人嘆為觀止，但是事實上，「公園」與「平面起伏地形」的搭配才是這項設計最具說服力的關鍵。這項提案後來甚至引起了建築界一片譁然，大家開始懷疑起以柯比意的「多米諾系統」（Domino System）為代表的所謂「水平地板與柱體」這個現代建築設計前提的正當性，也成了大家學習概念設計的一個最佳典範。

橫濱港口大棧橋國際客輪航站（FOA事務所設計）

照片提供：橫濱港口大棧橋國際客輪航站

概念圖（Concept Sheet）

　　要想在腦子裡彙整出一個真正具有說服力的設計概念，絕不是件輕鬆容易的事。但是，倘若透過以下我將說明的概念圖，你會更容易組合出符合實際需要的概念，而不至於天馬行空、脫離現實。

　　下圖正是這張概念圖。你只要依序在這張概念圖上，用便利貼貼上①設計的特性與前提條件；②解法；③具體案例，就像在玩聯想遊戲一樣，透過不斷的聯想來彙整出一個新的概念。請先在紙上畫出垂直縱橫的兩條評估軸，然後再像市場分析常見的矩陣圖一樣，在縱軸上分別畫出三個區塊。

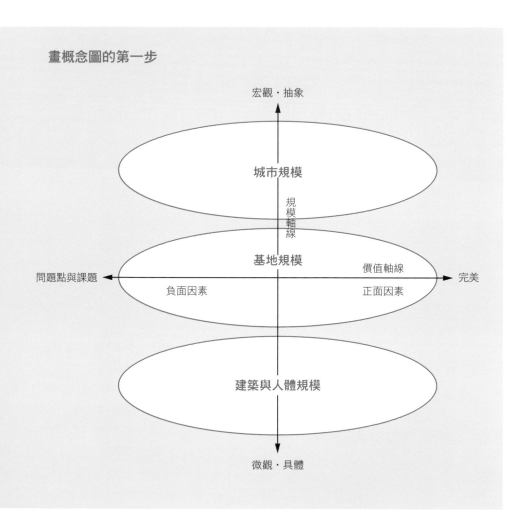

畫概念圖的第一步

宏觀・抽象

城市規模

規模軸線

基地規模

問題點與課題　　　　　　價值軸線　　　　完美

負面因素　　　　　　正面因素

建築與人體規模

微觀・具體

在這張概念圖裡，縱軸代表「規模」。越往上表示規模越大。縱軸上的三個區塊，由上而下分別是城市規模、基地規模和建築與人體規模。

建築是城市的一部分，因此建築與城市永遠是不可分割的。倘若忽視了建築與四周的關係而任意設計，勢必會造成整體景觀的失衡，居住的舒適性也會隨之降低，所以才會把建築和城市這兩個關鍵詞寫在同一張概念圖裡一併考量。另一方面，當我們把建築從城市中抽離開來，單獨思考建築本身的用途（建築型態）進行設計時，也自然會意識到建築的共通性或普遍性。換言之，縱軸的位置越高，就越有必要從抽象、宏觀的角度去思考。以上就是這條縱軸所代表的意義。

至於概念圖裡的橫軸，則代表著「價值」。左方的負向表示「問題點」，右方的正向表示「完美」。通常人們最關心的就是負向的問題點，譬如面積可能太小、寒暑的變化、使用的方便性與是否省時省事等等，因此絕大部分的業主需求都會集中在這個負向的位置。但是不論如何解決這些問題點，我們畢竟只能盡力而為，很難真正面面俱到。因此我們也可以從正向的優點下手，不斷地擴充、強化這些優點，創造建築的魅力以臻至完美。這部分的思考也是設計時不可忽視的步驟。而這條橫軸正有助於你完成這個步驟。

舉例來説，譬如建案中有一個設計前提是「坡地」，如果從負向的角度去思考因應對策，你可能會聯想到一些諸如「防崩、休止角、深基礎」之類這類和創造建築魅力沒有多大關係的關鍵詞。但若是換成以正向的角度思考，聯想到的則會是些具有正面意義的語詞，諸如「有助於擴展視野的水平連續窗、可以享受戶外景觀的露台、更為活潑的階梯門道」等等。要言之，必須同時意識到橫軸和橫軸上的正向價值，你才可能把整個設計帶往創造出建築魅力的方向。

加入設計的特性與前提條件

接著，我們就來試著在這張概念圖上填入實際和設計相關的語詞。不妨先參考下圖的範例，根據不同的區塊和規模，在概念圖上寫下它們設計的特性

與前提條件。同時，也不妨在每一個區塊之間，保留一點空位，以便之後可以貼上寫著「解法」的便利貼。

　　用途和區域的特性請寫在最上方的區塊，基地和四周環境的特性請寫在中間的區塊，最下方的區塊則請填入建築本身和業主的特性。最上方區塊的關鍵詞屬於歷史、風俗習慣或者社會性的需求，可以是不具實體的抽象概念。因為在設計的時候，抽象的概念對於設計的方向、乃至建造的方式都會帶來極大影響，譬如你可能會因為基地位在傳統建築群裡，而認為不適合採用清水模，只因為「傳統」二字而改變選材。同時，也請留意橫軸。在每個區塊裡，越是不利的前提條件請越往左填，越是有利的前提條件請越往右填寫。

　　下圖是參考左頁並且把P.16我們討論的建案特性（亦即設計的前提條件）

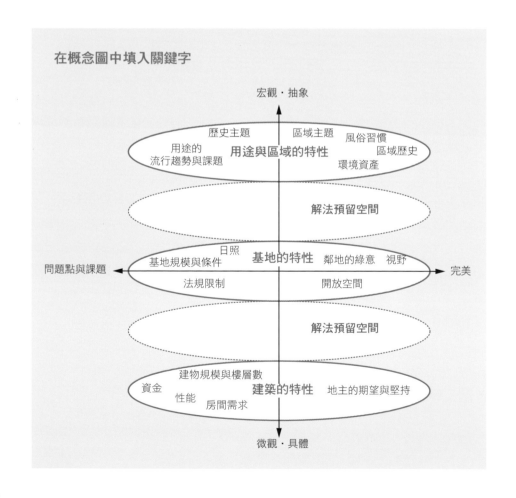

加入概念圖後的結果。走到這個階段，因為並不曉得之後還會填入哪些關鍵詞，因此最重要的，就是要盡可能毫無遺漏地加入目前所有你已知的設計前提條件或建案特性。

　　光是看到這些關鍵詞，也許還不會有什麼特別的感覺。但是，只要靜下來好好想想「視野良好」、「基地100坪」、「住辦兩用」這幾個詞，就會發現，這棟房屋的整體氛圍一定有別於一般「位在密集住宅區的二樓透天厝」。加上關鍵詞「昭和風格」，你肯定也會在腦海裡浮現出傳統的木窗，或者木板外牆、柳安木家具之類的畫面和字眼。緊接著，你就可以順著自己的直覺和新的覺察，把這些語詞寫在便利貼上，貼在空白的地方。一旦加入了新的關鍵詞，一定又會聯想出其他新的關鍵詞。

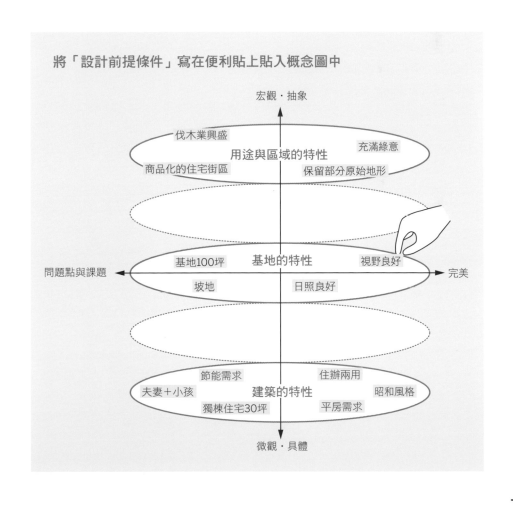

將「設計前提條件」寫在便利貼上貼入概念圖中

177

加入解法

在概念圖中加入了設計的前提條件之後，接下來就來為這些前提條件加入相對應的解決方案吧。解決方案可以自由發想，不過如果能先瞭解「兩條軸線所構成的四個區塊（象限）中關鍵詞所代表的意義」，會更有助於你完成這個步驟。

在這兩條軸線之間，左上的區塊主要是指專案的解法、規劃的目的與功能，也就是屬於比較觀念性的內容。

左下的區塊則是和建築、基地相關的、較為具體的解決方案，如業主的需求、法規的限制、資金的狀況，都請加在這個區域。

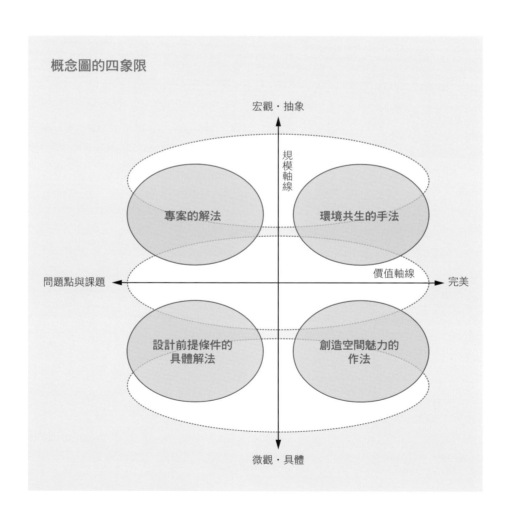

概念圖的四象限

宏觀・抽象

規模軸線

專案的解法　　　　環境共生的手法

問題點與課題　　　　　　　　價值軸線　　完美

設計前提條件的具體解法　　　創造空間魅力的作法

微觀・具體

右上的區塊屬於環境與建築的關係區，也許配合著一三八頁的過渡空間法會更容易填寫。

右下的區塊則是創造空間魅力的作法區。填寫這個區塊時，必須先仔細思量建築的「賣點」或「創新點」究竟是什麼。然後請試著思考一下，你希望把這棟建築形塑成一個怎麼樣的「空間或場域」，又具有哪些用途或作用。

下圖是根據P.177「前提條件」完成的概念圖，同時按照前述四個區塊的區分，加入了「解法」關鍵詞的結果。好比說左上的「專案」區，我設想了「住宅」的型態。透過聯想的方式，難得有「基地100坪」這條件，因此未必一定要蓋成二樓透天，但是平房的成本又太高，因此開始將幾個條件結合、拓展想像：不知道蓋成「一樓半」的結果會如何？

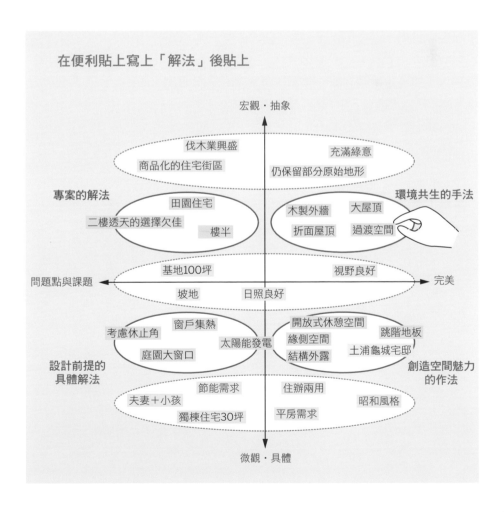

在便利貼上寫上「解法」後貼上

宏觀‧抽象

伐木業興盛
商品化的住宅街區

充滿綠意
仍保留部分原始地形

專案的解法

田園住宅
二樓透天的選擇欠佳　　樓半

環境共生的手法

木製外牆　大屋頂
折面屋頂　過渡空間

問題點與課題

基地100坪　視野良好
坡地　日照良好

完美

考慮休止角
窗戶集熱
庭園大窗口
太陽能發電

開放式休憩空間
緣側空間　跳階地板
結構外露　土浦龜城宅邸

設計前提的
具體解法

創造空間魅力
的作法

節能需求
夫妻＋小孩
獨棟住宅30坪

住辦兩用
平房需求

昭和風格

微觀‧具體

179

另外還有一個重點，在加入解法時，關鍵詞務必力求具體化和視覺化。譬如如果只寫著「跳階地板」，恐怕會讓人產生無限想像，但是一旦加上「土浦龜城宅邸」等類似案例，就能更加具體。說不定還能透過這個案例，把「昭和風格」、「跳階地板」和「一樓半」連結起來，進一步視覺化，只要再加上一個標題名稱，整棟建築的形象便能鮮明地呈現出來。

總結成一句話

好，完成了概念圖中的關鍵詞之後，你應該已經意識到了，這張概念圖彷彿有了劇情一般，正在訴說著一段不知名的故事。不過你並不需要使用圖中所有的關鍵詞。因為建築的規模越小，會越難整合入所有關鍵詞。倘若是一般的住家，不必貪心，最後只要整合成一個主題就行。也**不必硬要整合成一個詞，不如將主題總結成一句話，這樣會最具說服力**。不妨想一下：要是被業主問到「如果用一句話來說明這棟建築的特色……」該如何回答。最好能像雜誌的標題那樣，把你對設計前提條件的解讀和你認為的最佳解決方案組合成簡單的一句話。譬如類似這樣的句子：

- 導入櫻樹風景的「大雨遮住屋」
- 擁有幾片向鄰地公園借景的「亂數窗住家」
- 即使是位在密集住宅區的 L 型基地，依舊能夠終日享受明亮的光線，「透過挑高的設計擷取陽光的居住空間」

以前述的那張概念圖為例，最後我挑選出了「一樓半」、「大屋頂」、「緣側」、「田園住宅」等四個關鍵詞，然後加入設計的前提條件，總結成：「充分利用了坡地眺望的景觀，一樓半、且擁有緣側的大屋頂住宅」。

如果先把這句話告知事務所的其他同事，再經過一次的團隊腦力激盪，就能更避免設計方向的錯誤，讓你的設計變得萬無一失。

：再次尋找過去的案例

　　不過很遺憾的，總結出了一句堪稱完美的設計概念，未必就能真的完成一棟完美的建築，因為概念和實際的建物之間畢竟存在著非常遙遠的距離。而連接兩者之間的橋樑，正是過去的案例。**幾乎所有「擁有好的概念，建造出來的建築卻乏善可陳」的建築師，都是因為忽略了尋找案例這個步驟。**

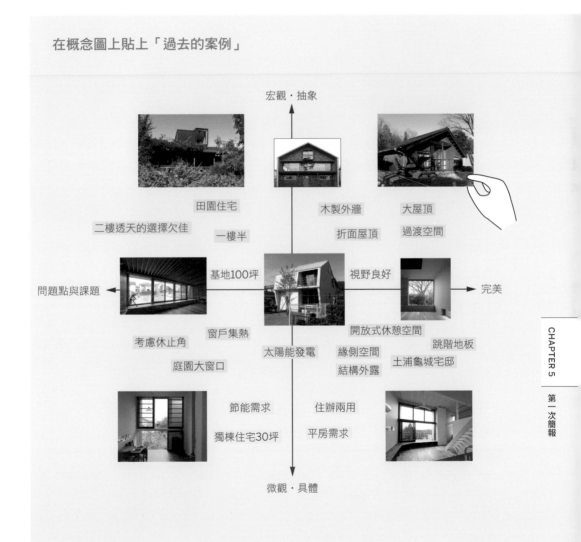

在概念圖上貼上「過去的案例」

宏觀・抽象

田園住宅
二樓透天的選擇欠佳
一樓半

木製外牆
折面屋頂

大屋頂
過渡空間

問題點與課題 ←

基地100坪

視野良好

→ 完美

考慮休止角
庭園大窗口

窗戶集熱
太陽能發電

開放式休憩空間
緣側空間
結構外露

跳階地板
土浦龜城宅邸

節能需求
獨棟住宅30坪

住辦兩用
平房需求

微觀・具體

前面已經說明了在概念圖上貼上設計的「前提條件」、「解法」和「案例」的方法與流程，其中，如果能把那些便利貼改換成案例的「照片」，就有趣得多了。尤其是當在你和團隊腦力激盪的時候，這些實際案例的照片將會發揮極大作用。

任何一個好的案例，當中一定存在著好的概念和建築師個人發想的過程。這時候你不妨逆向操作，從尋找「成功實現了設計概念的完美案例」下手，然後想像建築師原始的關鍵詞。經過關鍵詞和案例照片的反覆對照或檢討，最後同樣可以總結出一段堪稱完美的設計概念來。

⦂ 提案必須清晰明快

在把關鍵詞落實在實際的設計、規劃和施工時，有一點請特別留意，記得要稍微極端一點，切忌過於保守。

譬如有一個關鍵詞是「善用現存的樹木」，如果最後你總結成「在樹木前方設置窗口」，這也未免太理所當然了，根本稱不上是概念。必須稍微極端一點，好比說「彷彿由樹木包圍而成的ㄈ字形平面」，或者「擁有綠意隨處可見的橫向連續窗和木作平台」，這樣才算得上是概念。的確，很多時候在實務上確實會因為資金的緣故而不得不趨於保守，但是不論如何，在設計的過程中，最好能至少有一次不受任何限制、天馬行空的發想。

∷ 總結整理

　　完成了以上的步驟，你還得再做最後一次的總結整理。因為前面用便利貼所貼付的「前提條件」和「解法」畢竟只是一張凌亂的草稿。如果擅長使用電腦，建議你不妨把所有關鍵詞整合在一個Powerpoint檔裡。因為Powerpoint可以任意插入關鍵詞和照片，而且也可以根據重要程度放大縮小。

加入了關鍵詞的完整概念圖

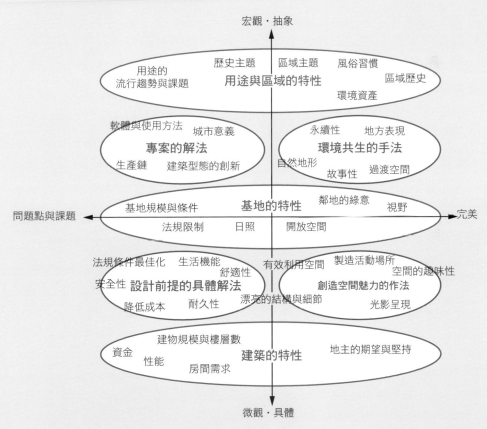

3. 透過「模型」完整說明設計概要

⁝ 與業主站在相同的基準點來說明

　　除了極少數的例外，幾乎所有的業主都是建築的外行人。不管你攤開的是平面圖或透視圖，幾乎每一位業主當下都會誤解你的意思。所以，要想正確無誤地傳達屬於三次元立體的建築概要，最好的方式就是採用三次元的立體模型。而且**可能的話，不妨從頭到尾都用模型**。至於設計初期階段所使用的二次元圖面、透視圖或素描圖，請一律視為模型的補充資料。

　　不過千萬別以為只要給業主看模型就算了事。請務必記得，內行人和外行人解讀模型的能力大不相同。再漂亮的模型，要是少了語言的解說，很多時候業主頂多只會回饋他的「喜好」，腦子裡想的卻是完全不同的目標或方

透過模型進行說明

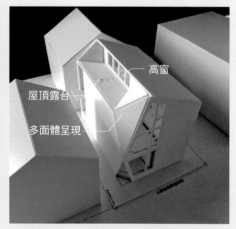

高窗

屋頂露台

多面體呈現

擁有屋頂露台、以多面體呈現的模型

向。因此，提供模型時，務必要清楚表達你的設計主題和目標。

　　以P.184照片中的模型為例，這座模型會立刻呈現出建物本身「擁有屋頂露台的單坡屋頂這項特色。因此把模型擺在業主的眼前時，一定要接著**說明你之所以採用這個造形的過程和理由**，譬如告訴業主「因為南面的鄰宅遮蔽了日照的關係，為了確保室內的光線，我們刻意設置了屋頂露台，以便製造出一整面、朝南的高窗，把陽光導入室內，也因為露台佔據了半邊的屋頂，就自然形成了單坡屋頂的造形了」。只要最後採取的造形或空間安排合理，大多都能得到業主的理解和認同。另外關於模型中的「多面體呈現」，不妨在事前特別為業主最難體會到的部分多所琢磨，將它視為一個討論的話題，讓業主瞭解到「根據所有的設計前提條件，採用多面體的呈現方式確實可以實現需求」。

∶ 模型的製作

　　設計階段所做的模型，在簡報時是一項幫助業主深入理解設計的工具，但是在建築師日常的設計工作中，模型更是一種改良、修正，提升設計案水平的工具。製作模型的目的與其說是用來驗證成品，不如說是透過模型發現問題，因此嚴格來說，模型可以說是「為了改變而製作的」。既然模型隨時都可能改變，那麼就無需為了模型投入太多時間。換言之，模型的製作只要能在最短的時間達成最佳效果，並且配合簡報的說明適度修改即可。

　　如果你只是想呈現出建築的量體，請省略窗戶之類的細節。因為透過抽象的形式、大膽省略細節反而更能凸顯出量體的特性。這時候，與其用保麗龍板拼裝成一個中空的建築空間，倒不如用發泡塊直接切割出建築的造形，能讓業主更感受到建築量體的存在感。

　　若是想呈現建築的光影效果或空間的輪廓，建議不妨做成比較不具素材感的白色模型。因為這種形式的模型去除了所有不必要的資訊，會讓你想傳達的內容更加清晰。

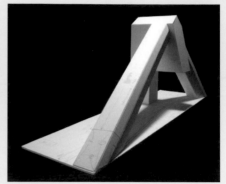

呈現光影效果或空間輪廓用的白色模型　　呈現設計細節用的局部模型

模型的尺寸並不是越大就越好。在設計的初期階段只要能從外觀上看出大致建物的型態即可，模型的大小以1/100的比例最適宜。模型不需要大，很多時候小模型反而更容易讓我們嘗試出多樣的空間變化。

在設計細節方面，不妨把比較不容易說明或討論的部分單獨切割出來，獨立成局部模型。右圖是個擁有三種坡度的四個落水型屋頂的角樑圖面。即使完成了這張圖稿，對施工師傅而言還是很難理解，於是我根據圖稿製作出一個比例正確的模型，展示給木工工班的工頭看，請他按「模型」施工。

局部模型的圖稿

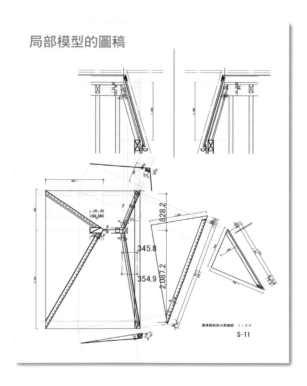

⁞ 可以看見室內的模型

　　除了外部造形之外，如果也想掌握模型內部的空間，建議不妨把模型的外牆和屋頂做成可以自由拆裝的形式。

　　二次元的室內格局圖對所有的業主來說大多無法完全理解，頂多只能看懂房間的配置、面積的大小和大致的動線。所以請一定記得，如果沒有透過模型的解說，業主根本無法想像室內空間的實際狀況。

　　為此，若能夠提供類似下面這張照片中這種可以看見室內的模型，就能建築的量體，連同地板的高低差、窗戶的安排、牆壁的型態、扶手的位置和形狀、採光的方式等等，都能在一瞬之間完全掌握。

可以看見室內的模型

⦂ 不使用模型的替代方案

　　模型最大的缺點就是製作起來耗費時間。 要是非得比較造形、討論選材，同一棟房屋甚至必須製作好幾座模型，時間的消耗就更不得了。遇到這種情況，建議不妨採用立體透視圖取而代之。

　　SketchUp的上市大大縮短了我們製作立體透視圖的時間。而且它的操作容易，簡化了製作動畫的流程。若因為忙於工程監造而無暇製作模型時，直接使用SketchUp製作出來的立體透視圖進行討論會更有效率。

　　我自己剛入行時，在用自己的家作為訓練設計能力的練習過程中，就常用到SketchUp。只要先畫好一張簡單的平面圖，就能立刻在三次元的模式下快速轉換成一張立體透視圖。

　　只要適應了滑鼠轉動畫面的操作方式，這個軟體幾乎沒有什麼學習門檻，加上它有免費版，所以我建議不妨把它用在對業主的簡報或討論會上。

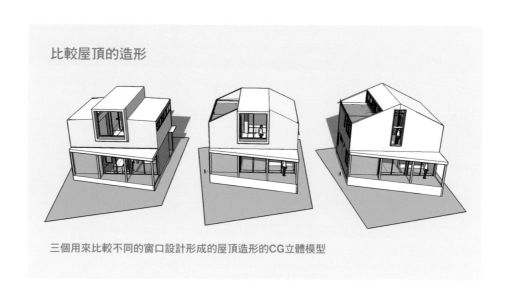

比較屋頂的造形

三個用來比較不同的窗口設計形成的屋頂造形的CG立體模型

比較外牆壁板的選材

橫向壁板

黑色底材噴塗

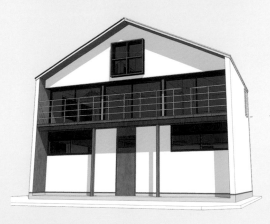

白色灰泥粉刷

比較不同素材和顏色的外牆壁板和屋頂外觀的立體模型

189

4. 製圖「就像寫信」 只需畫出重點

⁝ 製圖的方法

　　記得當年還在大高事務所修行的時候，我的師父大高正人老師曾經這樣教導我：「製圖就像寫信一樣」。

　　這意思指的是，所有的圖稿都是專業建築師寫給業主的信件，要是無法把自己的想法傳達給收件人、讓收件人瞭解寄件人的想法的話，那麼這封信、這張圖便毫無意義可言。換句話說，好的圖稿必須要能以最少的張數、傳達出建築師最簡要、最精華的重點訊息。相反的，即便只是少畫了一條重要的邊界線，或者四處分布著多餘線條而影響圖面的判讀，就稱不上是好的圖稿。也就是說，不管是向客戶提案時的圖稿、還是發包用的圖稿，**製圖一定要做到「易懂、易看、易讀」為要**。

　　而要想畫出這樣的好圖，首先你必須從圖稿的佈局（layout）入手。譬如使用CAD製圖的時候，很多人往往會忽略了佈局的重要，要是不先設定以列印用紙作為範圍來畫，總會容易顯得漫無章法，缺乏整體感。

　　其次是線條，必須清楚掌握如「輪廓線粗，剖面線細」這類用法原則。同時，必須盡量避免使用看似美觀的淺灰色小字，或者使用英文名稱。尺寸的標記方面則盡量不用比例尺，而要採用標準的兩段式尺度線。

　　右頁是一張如同信件一般的製圖範例。圖紙上分別畫出了平面、立面、斷面等三張圖面，目的是為了讓人能夠清楚地掌握樓梯的立體型態。樓梯扶手的細節部分又以局部詳圖另行畫出。尺寸方面甚至包括了地板邊界的位置，所有必要的細節全都納入這張圖稿中。

只要畫出這種「附帶局部詳圖的三面圖」，就能以最簡要的方式準確地傳達出你的設計內容。

易看易懂的圖稿

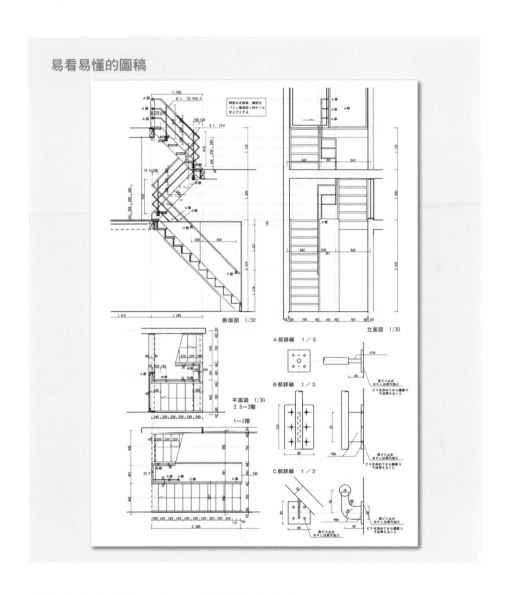

● 彙整成一張「A3大小」的基本設計圖

在我的事務所裡，所有在設計的初級階段必須展示給業主看的圖稿，一律都會整理在一張A3或A4大小的圖紙上。因為圖稿畢竟只是模型的補充資料，而且張數越多，越容易讓人分神。所以不論原本我們畫了多少張圖，在

A3大小的基本設計圖

為了展示整體設計概要的目的，不妨將細節省略

這個階段一定都會整理成一張圖。只要在這張圖裡放入平面、剖面等複數圖面，就能讓業主大致掌握建物的立體型態。

此外，由於簡報完後，業主多半必須回家再仔細思索、與家人反覆討論，這種時候文字能發揮極大效用，因此我也會事先擬好一張我們設計的目標或主題的筆記，連同圖稿一併交給業主。上圖並不包含我的筆記，但是圖中我仍註明了我們的設計概念和各部位的設計用途，這樣也會更有助於業主對設計內容的理解。

● 施工設計圖僅需摘要說明即可

其實只要能拿捏得當、且正確無誤地讓業主瞭解設計內容的話，並不一定要讓業主看到所有設計圖。討論時只需依序提供業主有興趣或容易理解的圖稿，如以展開圖或結構圖之類的圖面，簡單説明即可。

不過各種圖稿都一定有幾個非得告知業主不可的重點；而這些重點，當中又包含了必須事先和事務所負責人確認的事項。至於是哪些重點和哪些事項，則必須像我舉的一般木造住宅的範例那樣，視實際的狀況進行。

⦂解釋配置圖時別忘了附帶說明法規限制

　　解釋配置圖時，必須先說明建物的地理位置。譬如哪一段地界和鄰地相鄰，和鄰地的距離有多遠。同時也要告知業主，哪些位置的狀況並不符合建築法規的規定，譬如在日本民法中規定，若遇到鄰居的陽台或窗口距離建物不到一公尺，業主就有權行使隱私保護請求權。

　　屋外的部分則除了說明基地和籬笆、圍牆的範圍之外，還必須清楚指出停車場、戶外儲藏室、自行車停車處、灑水水龍頭、種植植栽的位置。

　　當然也要說明水表、電表等抄表方式。因為要是業主不喜歡外人任意進入基地範圍內，就必須改變這些表件裝設的地點。

配置圖

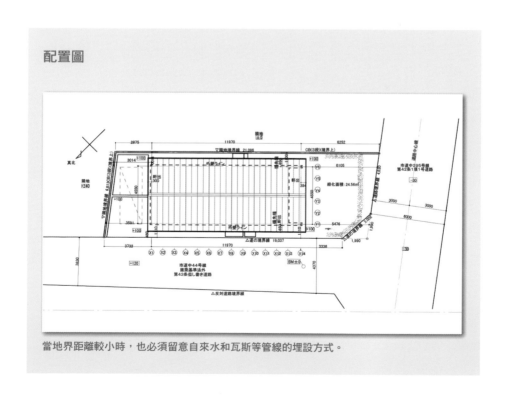

當地界距離較小時，也必須留意自來水和瓦斯等管線的埋設方式。

：以平面圖為主要參考

平面圖裡集合了室內格局、面積、門窗的位置和尺寸、動線、收納等所有**業主最感興趣的設計內容，因此這張圖可以說是工地現場最為重要的參考**，因此必須註明清楚「門窗代號、家具代號、中心線代號、尺寸線、方位」等資訊。同時，為了便於辨識面積的大小，最好也要在每一個房間內特別註明坪數。

1F平面圖

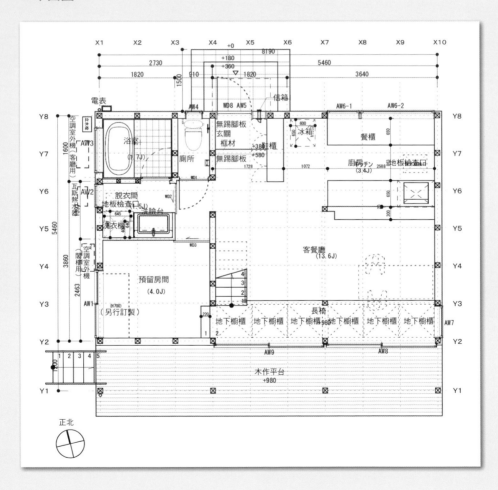

在施工設計的階段，最好用1／30～1／50的比例繪製平面圖，並且務必標註詳細，這樣在工地現場才能輕鬆使用。若也能附帶註明牆壁和柱體的中心（柱芯與壁芯）位置，以及窗框、木門中心點和兩側的距離，則更有助於尺寸的確認。

為了便於玄關的高低差和地板的施工，也請清楚畫出門窗框和地板邊界的位置。

2F平面圖

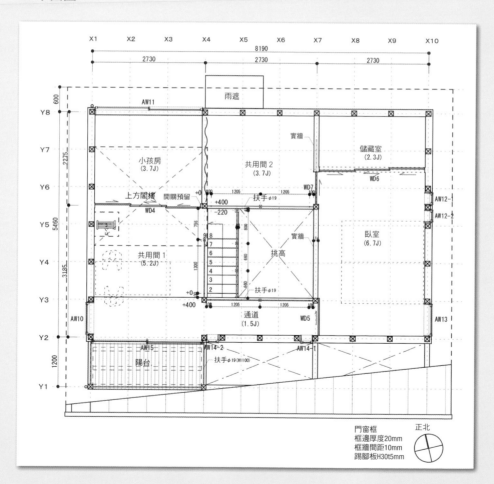

⠸立面圖記得說明外牆鋪裝

業主最能理解的畢竟是模型，因此最好把立面圖視為模型的補充資料。

圖中必須**清楚顯示外牆鋪裝、窗戶配置**，以及排水管、滴水線等。

同時記得要向業主說明外牆鋪裝的基本方向、窗戶的開關方式、玻璃的種類。提到外牆時，也別忘了跟業主確認是否要隱藏空調機的配管，地基是否要進行外觀上的泥作補強。

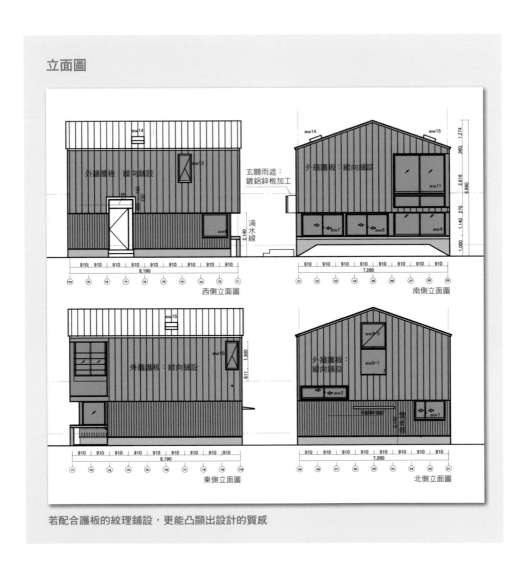

立面圖

西側立面圖

南側立面圖

東側立面圖

北側立面圖

若配合護板的紋理鋪設，更能凸顯出設計的質感

⠶剖面圖與剖面展開圖用於「估價」與「電線管路」

　　剖面圖和展開圖同樣也請視為模型的輔助資料。不過這類圖稿在設計的階段大多被用作「**室內裝潢估價（和選材）**」的參考，進入施工階段則後會被用來確認「**電線管路的配置**」，因此一定要連同一些較小的空間，如廁所、脫衣間、浴室等，將所有的面都切分出來，不要遺漏。**剖面的部分則一定要記得註明天花板的高度。**一般大樓住家的天花板都是2.4公尺高，倘若你希望拉低高度，則務必要當面向業主說明你之所以拉低高度的理由。

剖面圖與展開圖

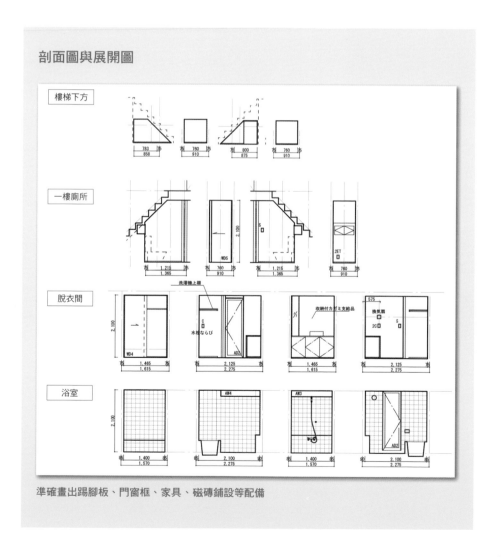

準確畫出踢腳板、門窗框、家具、磁磚鋪設等配備

⋮ 利用剖面詳圖展示建築的性能

　　包括各個部位的高低關係在內，**剖面詳圖是最能夠完整展示房屋性能資訊的一種圖稿**。所有資深的木工師傅，只要取得平面和剖面詳圖兩種圖稿，就能把房子蓋起來。也因為剖面詳圖清楚註明了屋頂、牆壁、地板的材料構成，因此這張圖也是判斷是否符合三十五年固定利率貸款適用住宅、省令準耐火基準、低碳住宅、長期優良住宅不可缺少的一種圖稿。

　　右頁是繪製木造住宅剖面詳圖時的幾個要點；和傳統使用椽木和地板角木的木造工法不同，這裡採用的是合理化工法的思維。

剖面詳圖

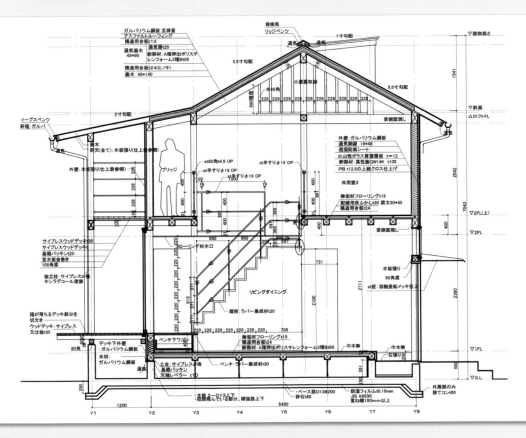

①結構採箱型搭建，屋頂採厚式頂板。以樑體支撐，地面以上的地基高度設為300或400（三十五年固定利率貸款適用住宅則以400為標準）。

②止漏採二重或三重防水，並且預設好預防萬一的安全措施。必須特別留意窗戶四周的防水止漏，最好能加貼透濕防水邊條。

③斷熱方面採四周全面斷熱。由於天花板最容易成為斷熱的漏洞，故原則上最好採以屋頂斷熱為佳。氣密方面基本上採用合板與玻璃纖維袋的搭配，頂板則以阻斷氣流為原則。

④通風需連同屋頂施作。除了外牆通風層外，亦需做好屋頂通風層，以避免夏季閣樓悶熱，冬季天花板上方結露。

剖面圖的繪製要點

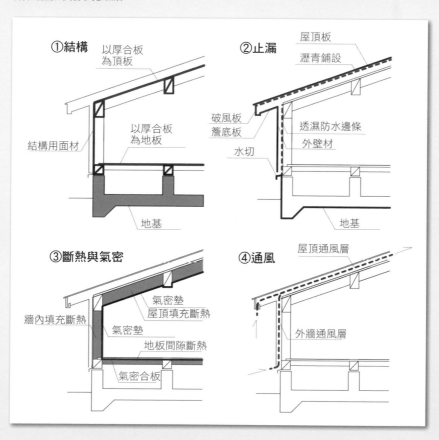

：家具圖請活用實物素描

包括廚房在內，家具永遠是業主最感興趣的設計內容之一。有些業主可能會對此提出許多細節上的需求，但是若百分之百滿足這些需求，恐怕只會得到「方便有餘但設計感不足」的結果。所以你最好先站穩建築師的立場，根據自己的設計目標，配合業主的需求做出適度的調整，再下筆繪圖。

由於業主大多不善於立體思考，在家具方面，也不妨透過實物素描、等角圖、透視圖等方式傳達你的想法。最好能一邊聽取業主的需求，一邊當場把實物畫出來。

至於選材的確認，最好的方式就是直接提供業主實際的案例照片。在製作上，面板大多採用夾板製作，而木工工程方面，基本上天板則會採用集成材，其他部位則採木心板製作。

家具圖

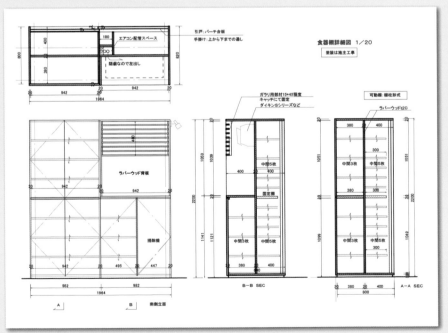

必須清楚呈現出材料的上下左右關係、層板屬於固定式或可調式，以及組裝的方式。

廚房的圖面重在了解需求

　　家具圖的重點在於廚房的圖面。倘若木工和門窗的工程能交互進行，通常專屬訂製的價格未必會比採用現成的系統廚房高出太多。

　　由於對廚房的方便性需求因人而異，而且一般來說，若是完全由建築師決定，結果業主大多不會滿意，因此在規劃之前，最好能先聽取業主的需求。可能的話不妨請業主先整理出一張簡圖作為設計參考。不過業主的需求畢竟是個參考，譬如門板的寬度、高度，終究得由你站在建築師的角度做適度調整，並且注入你個人的創意。

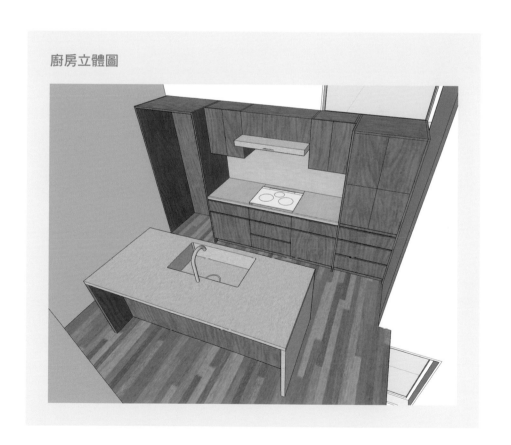

廚房立體圖

以下是設計廚房時，一般必須事先和業主確認的事項。

有關廚房的確認事項

佈局

電冰箱、洗碗槽、瓦斯爐這三樣
設備的位置關係將直接影響到整
個廚房的使用方便性，因此務必
要先行確認，同時也要知道業主
是否有什麼特殊的需求或堅持。
若業主打算繼續沿用現有的電冰
箱，也要事先問明電冰箱的大小
與開啟的方向。

高度

若採用專屬訂製的廚房，流理台
和食材桌的高度可以自由調整。一般的公式是「身高／2＋5～10cm」，但最好還
是請業主親自到樣品屋或實品屋實際確認高度，確認時也要提醒業主記得換穿室內
的脫鞋之後再行確認。若業主的身高較高，也務必事先確認排油煙機的高度。

微波爐的位置

若不打算採用固定擺在瓦斯台下方的嵌入式微波爐，最好能儘早確認擺放位置。微
波爐的位置是聽取需求時最重要的一個項目，因為必須根據不同的機型預留上方與
側面的間隔距離。還必須特別留意，若屬蒸氣烘烤式微波爐，體積會較一般的微波
爐大上許多，需要的間距也更大。

廚房家電的使用狀況

除了電鍋、烤麵包機之外，目前時下廚房用家電有逐漸增多的趨勢。包括熱水瓶、
咖啡機、磨豆機、電子油炸鍋等。若業主是經常使用、需要全數都安排固定位置的
類型，就必須事先備好足夠的放置空間。當然也別忘記確認業主是否有使用洗碗機
的習慣或計畫。

食材儲藏空間

許多人家都有保存食材、卻苦無存放的空間，食材儲藏室遂成了近幾年來業主必定會提出的一項需求。若是獨立的儲藏室，因為較為隱密，使用起來更為便利，但是因為較佔空間，若是空間有限，只能採以壁櫃收納型的儲藏方式。

瀝乾架

務必先行確認業主在清洗後餐具暫時擺放的位置。大多數人家即便擁有洗碗機，仍會需要一個暫時的餐具放置處。

垃圾桶位置

獨立式的食材儲藏室

垃圾的處理方式會因地區和個人習慣而異，因此這部分也需先行確認。最標準的位置是在水槽下方的開放空間。

抽屜需求量

大多數家庭都會希望抽屜越多越好，好像什麼都可以往裡頭扔，不過抽屜的收納其實只適合重量較輕的筷子、湯匙和刀叉，並不適合收納餐具之類的重物。另外也因為抽屜內側的軌道限制深度也有限，相較於展開式的拉門櫥櫃，實際的收納量並不會因為採用抽屜而增加，而且價格還比拉門櫥櫃高，一個抽屜可能動輒貴上好幾萬。若業主為求方便而提出這類需求，務必先行告知實際的狀況。

● 結構圖與壁量計算需告知牆壁的實際配置

　　結構圖因為較其他圖面更加專業複雜，是業主最難以理解的一種圖稿。不過也因為承重牆會直接影響到室內的格局和窗戶的配置，仍舊必須適度地向業主說明你採用的承重牆種類（面材承重或者交叉斜撐）、用量（是建築基準法規定的多少倍），以及配置的狀況（承重牆的配置是否平衡）。要是你用了什麼提升耐震性的特殊工法，最好也要一併說明。我的事務所通常即使業主未提出需求，我們都會以建築基準法1.5倍的壁量做為基準，來做最佳的平衡配置。

結構圖

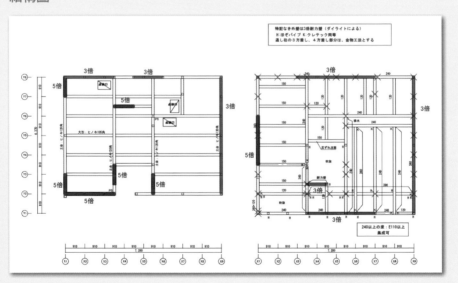

壁量計算（局部）

樓層數		地震	風	必要壁長		設計壁長	壁倍率	地震力壁倍率
				大牆面				
2	東西方向壁	839	760	839	基於①	2046	2.43	2.43
2	南北方向壁	839	1165	1165	基於②	2376	2.03	2.83
1	東西方向壁	1622	1565	1622	基於③	2682	1.65	1.65
1	南北方向壁	1622	2090	2090	基於④	3458	1.65	2.13

↑以高於1.5倍為目標

⋮ 排給水設備圖需留意設備實際的用途

設備圖是用來顯示建築內外配管規則的圖稿。包括一些基本用品的配置狀態，譬如是否每個樓層都設置廁所，廁所內是否配備洗手台等等。因為是以平面圖的方式顯示，這張設備圖實際要向業主說明的項目並不多。

也因為設備圖中清楚顯示了配管的管路，PS（管線空間）的位置、天花板壓低的範圍、地板檢查口的位置，因此只要展開設備圖，便能一目瞭然，解釋起來並不困難。

另外，是否需要在屋外或陽台安排洗車用或植栽用的水龍頭，若必須設在屋外，則必須先行和業主確認使用外露式或隱藏式。

排給水設備圖

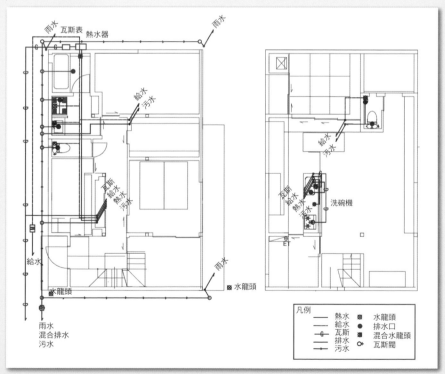

雨水和污水是否分流或合流，必須在製圖之前事先向公所確認

205

建築師也要懂得說明配電圖

配電的規劃因為和居住者的生活密不可分，我的事務所通常都會在完成建物的平面、立面、斷面圖之後，隨即展開配電的討論。

一般來說，住宅類的建案並不會延請專業的配電設計師協助，大多數的建築師自己就能應付。所以作為建築師也最好先對配電的規劃有個通盤的瞭解。

配電設備圖是一張涵蓋了照明、通風、插座、開關的平面配置圖。一般二樓透天的配電圖並不會清楚註明線材的直徑和數量，但是照明的部分，因為關係到開關配置，必須將線路分別清楚，不能有絲毫差錯。

建議你採用下方的形式完成配電圖，其中包含了實物照片和完整的線路、設備。因為如此一來，就可以省略只有文字的規格書，只用幾張圖稿就讓業主充分瞭解設計的內容。目前很多建商也都採用這樣的形式提供配電圖。

配電設備圖

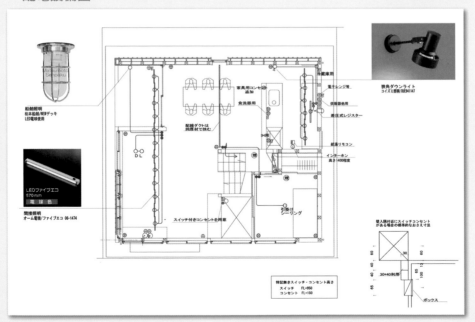

展示用的配電圖，線條要細、顏色要淡，業主會更容易理解

由於配電的實際事項相當複雜，在向業主解釋的時候，最好能由大到小依序說明，譬如不妨按照：冷暖氣→訊號線→通風→照明→插座，這樣的順序逐步讓業主瞭解。

空調機

首先是俗稱冷暖氣機的空調設備。有些業主可能很排斥裝設這類設備，其實只要建築本身的斷熱做得好，會比安裝任何廠牌的空調機都要省電。但是不論如何，夏天總會用到冷氣，空調機還是非安裝不可，所以最好能以冷氣機為主要考量，這樣也可以幫業主省錢。只不過，近幾年來空調機似乎越做越深，變得非常礙眼。要是裝設具有感應器的機種，就無法用格柵遮蔽，所以務必記得，盡量把空調設備安排在最不顯眼的位置。

另外是，室外機或裸露在外牆上的塑膠管線實在有礙觀瞻，請務必要以安裝在最不影響外觀設計的位置為原則。不過這樣的位置大多已經配置了水管，有些時候可能必須採用暗管的方式安裝。

使用暗管的方式安裝時，也請特別留意，室內和室外配管的孔道左右正好是相反的。

網路和電視等

接著是網路、電視、電話等等訊號傳輸類的電信設備。網路方面，市區內幾乎都已經採用光纖網路。郊區的鄉鎮則可以考慮使用有線電視附屬的電網線路，不過因為使用起來未必划算，大多數人家寧可選擇光纖網路。擁有光纖網路的住家還可以選用通話費較為低廉的「光纖IP電話」，若是如此，也可以省略傳統電話的線路配置。

電視方面，一般不是安裝天線收取地上波，就是透過光纖電纜傳輸的有線電視。

另外，如果業主考慮使用有線電視機上盒或互動式電視，電視機的週邊則需要安排區域網路線。若是打算共用或統一管理影像錄製，也必須事先配置好同樣的線路。

　　由於光纖網路無法直接切換成有線電視的線路，所以若採用了光纖網路的終端設備，最好也能先行配置好有線電視的管線。

通風

　　通風的位置包括廁所、浴室（＋脫衣間）和廚房。一般大多採用一邊自然進氣、一邊機械式排氣的「第三種通風」方式。在和業主溝通時，記得確認是否讓浴室的通風扇兼具除濕功能，以及廚房的通風扇是否選用抽吸兩用型風扇。

照明

　　照明方面的說明，主要目標是傳達照明所能製造的美感，以及相關的線路安排。譬如我們通常會盡可能減少燈具使用的種類，並且避免燈具過於明顯；還有，將臥室的開關會安裝在房間內，用水區域和儲藏室的則安排在室外等等。每個房間大約會分配二～三個插座，以便家電用品的使用。一般家庭的電器用品數量其實相當可觀，尤其別忘了不常使用、以及季節性的家電。最後請千萬不要安排過多的插座，因為不僅會破壞室內設計，更可能造成維修上額外的麻煩。

家電需求檢查表

冷暖氣與空調通風
☐空調機（200伏特或100伏特專用回路）
☐各類通風扇（以直結式風扇居多）
☐電風扇

室內專用機
☐電毯
☐暖桌
☐電暖器
☐空氣清淨機
☐加濕機
☐燃木式鑄鐵暖爐

廚房週邊
☐電冰箱（附地線）
☐洗碗機（100伏特專用回路附地線）
☐微波爐（100伏特專用回路附地線）
☐電烤箱（100伏特專用回路附地線）
☐電磁爐（200伏特專用回路）
☐電子鍋
☐烤麵包機
☐電烤盤
☐電熱水瓶
☐電熱水壺
☐咖啡機
☐果菜機、調理機
☐打泡機
☐記帳、廚房專用筆記型電腦

家事與清潔
☐電熨斗
☐吸塵器
☐掃地機器人、蒸氣吸塵器

浴室週邊
☐洗衣機（附地線）
☐乾衣機
☐充電式刮鬍刀
☐充電式電動牙刷
☐除濕機

廁所與浴室
☐免治馬桶座
☐烘乾機（專用回路）
☐全天候循環式浴缸

電視與音響週邊
☐電視機
☐電視強波器
☐有線電視機上盒
☐DVD、HD預錄器
☐遊戲機
☐音響收音機

電腦、網路與手機
☐手機充電器（變壓器）
☐電腦、螢幕
☐印表機（變壓器）
☐掃描機（變壓器）
☐路由器、數據機、終端設備（變壓器）
☐電話機、傳真機（變壓器）

照明
☐立式燈座
☐插座式間接照明燈
☐插座式長夜燈
☐充電式手電筒

其他
☐電子琴類樂器
☐魚缸打氣機
☐電動削鉛筆機

戶外
☐熱水器
☐化糞池空壓機
☐耶誕樹
☐電動工具
☐高壓清洗機
☐割草機

5. 材料樣式要讓業主確認後再決定

各類表格的製作方法

實際的施工設計圖其實除了圖稿之外，還包括了註明各類樣式與規格的「樣式表」或「規格書」。這些表格和文件並不需要製圖，但內容的判別卻需要相當的知識和經驗，因此對事務所裡的新手建築師來說，如何說明這些材料和設備將是一項格外艱鉅的任務。所以你第一個要做、也是最重要的工作，就是盡可能讓業主看到、摸到實物，讓他們留下具體的印象。

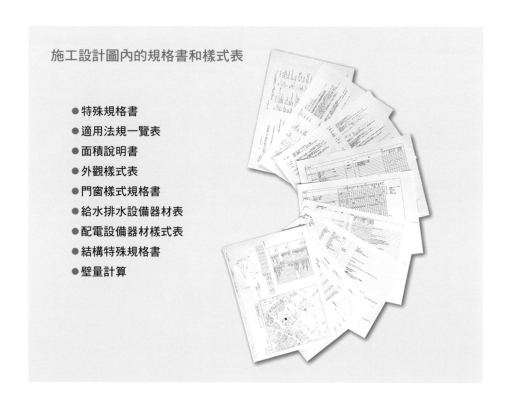

施工設計圖內的規格書和樣式表

- 特殊規格書
- 適用法規一覽表
- 面積說明書
- 外觀樣式表
- 門窗樣式規格書
- 給水排水設備器材表
- 配電設備器材樣式表
- 結構特殊規格書
- 壁量計算

⠸「外觀樣式表」要和實物對照展示

　　業主和事務所雙方最在意的文件，莫過於「外觀樣式表」。包括內外牆和地板等主要的材料，請務必事先取得邊長大約30公分的樣本，以「實物」交由業主當場挑選並確認。

　　同時也請告知業主關於顏色選擇的技巧。譬如牆面，放大後實際的顏色會比樣本更加鮮明。特別是外牆，因為會接受陽光直射，色彩會比樣本看起來更加鮮麗得多。因此，外牆若選擇了淡灰色，則幾乎和白色無異。不過外牆的色澤可能會隨著時間而沾污變暗，應盡量避免選擇純白色。

　　另外在挑選時，也要盡量設法提供大型的樣本，並且以實際的燈光照射。事前也不妨向廠商確認，是否有實際的案例以提供業主參考。

「外觀樣式表」必須和稍大的樣本一併提供給業主。若有現成的模型或已上色的透視圖，不妨也一併提供

⦂磁磚需另行微調，應儘早決定

磁磚一向是最受家中女主人們矚目的項目。

要想讓磁磚看起來更漂亮的重點有三個。**第一，必須「分配均勻」**。牆壁的寬度和高度一定要正好是「磁磚尺寸＋間隔尺寸」的倍數±邊緣尺寸。**第二，顧慮「邊緣與轉角」**。圓形或六邊形的磁磚的邊緣處理，通常是最叫人傷腦筋的部分。轉角的部位可能必須另行燒製或上釉。**第三，留意「間隔的顏色與寬度」**。即便是同樣款式的磁磚，也會因為間隔顏色的不同而給人完全不同的印象。間隔的寬度尺寸必須採用單片貼付的工法，否則就無法自行調整，不過這還要視外觀的需求和磁磚本身的尺寸而定。

總之，要把磁磚貼得漂亮，必須經過許多的微調。不過實際上，我們常遇到因為業主考慮太久而延誤了工期，結果無法達成上述這些重點的案例。為此，建議最好能在設計之初，便要求業主前往樣品屋實地確認，並且要明確告知業主，若不盡快決定，最後想變更就來不及了。

⦂「門窗樣式規格書」很複雜，最好帶著業主一同前往樣品屋

「門窗樣式規格書」是一份記載著鋁窗和木門規格的表格。鋁窗的部分因為規格相當複雜，必須分別向業主說明的內容，包括了大小、鋁窗本身和紗窗開關的方式、顏色和玻璃的種類等等。其中尤其是玻璃的挑選，就算你已先行決定採用複層玻璃，還是得讓業主瞭解這類複合式玻璃除了透明玻璃之外，還可分別挑選玻璃的花樣、鋼絲、防盜、防火、高隔熱（LOW-E）等等的選項。

也因為這份表格極為複雜，**建築師事務所的負責人最好能帶著業主一同前往樣品屋，一一確認實物的樣式，並且包括實際的使用方式。**

木門的部分則除了開關方式之外，還必須確認是否加鎖、把手的形式。若確定選擇木製的玄關門，也別忘了向業主確認是否需要安裝紗門。

對開式拉門、倒開式窗戶等尤其需要事先以實物確認

⦂「設備器材樣式表」挑選時應留意預算

若是自建住宅的業主，通常都不會對設備器材選擇漠不關心。因為在選擇把房屋交給建築師事務所的當下，他們早已心有所想。畢竟設備器材並不需要「設計」，僅需要「挑選」即可，他們自己就能辦到。所以關於設備器材的部分，一般來說業主大多會有所堅持，也會主動做出他們的最佳選擇。

不過一旦有所堅持，一部設備器材可能動輒貴個三、五萬不等。而這時候業主又往往以為，「反正總價是好幾千萬，多個幾萬塊並沒什麼了不起」，但是所謂「積少成多」，一部器材貴個五萬，二十部器材就是一百萬。而且只要符合建築師原始的設計概念、空間又容納得下，不管哪個品牌的設備器材，並不會改變建物本身的價值。

　　好比説，假設某位業主堅持選用無水箱馬桶，實際上這樣的馬桶並不會為整體空間加分，因為馬桶本身的功能既沒有改變，而且客觀來看，對絕大多數的人來説有沒有水箱根本無關緊要。何況，建築師其實早已針對廁所的週邊，譬如磁磚、上方的間接照明，乃至於建物整體的搭配做了全面性的思考，同樣的錢，應該盡量花在能夠引人矚目的部分。

　　此外，在設計的效果上，現成的商品永遠不可能比得上專屬訂製的成品。也正因如此，每次我在提供設備器材樣本的時候，一定都會告知業主，「如果您有錢，打算堅持某一種品牌的設備器材，倒不如把這筆錢花在外觀的設計上」。

設備器材樣式表

設備器材與小五金也要到樣品屋做實物確認

設備器材和門把之類的小五金常會遇到一種狀況，就是光看照片很漂亮，一旦看到了實物，卻感覺根本是個廉價品。而且這類現成製品的樣本大多不易取得，只能在樣品屋或實品屋看到，因此，最好的方法就是提前請業主親自前往確認。

細節的部分，如毛巾架或衛生紙架之類的裝飾，先行訂購也無所謂，其實沒有一個業主會在設計階段就先決定好這些零零總總的小配件。只要切記不要因為無所謂而隨意選購，因為這樣做會很容易陷入不斷更改圖面或一再重新估價的窘境，因而虛耗時間。最好的做法仍是先讓業主看過事務所的標準規格，在業主同意之後再行購置。但是不論如何，都請在安裝之前要求業主做出最後的決定。

空調機和窗簾的安裝也需特別留意

空調機的安裝有些時候也會安排在工程全部結束後才進行，但是不論何時安裝，一來因為業主通常不懂得該如何挑選，二來很可能會選錯了尺寸，所以最好還是由建築師事務所主動提供選購的建議。**可能的話盡量推薦業主購買APF（全年能源消耗率）的數字較大、厚度較小的，28～40型的機種。** [*]若是隔間較少，空間較為開放的高氣密、高斷熱住宅，只需安裝兩台空調機就能達到冷暖房的效果。

窗簾因為也和窗戶和牆面有關，交由業主自行安裝恐怕也是強人所難。一般來說，建築師事務所只需根據廠商的安裝建議即可，這樣最不容易出錯。確定了窗簾的種類和安裝的方式（安裝在窗框、牆壁或天花板上）之後，不妨也主動向業主提出尺寸、規格方面的建議。

*台灣亦有建築耗能相關規定另訂之。（審註）

∶ 實際案例是最好的簡報工具

要想讓業主正確掌握建物最終的設計結果，最好的方式就是讓他們親自體驗已經蓋好的成品。因為不論是模型、完成圖、施工設計圖，畢竟都是成品的模擬，永遠比不上實體更具臨場感。

走進實體建築中，業主會立刻感知並且掌握到照片上所無法理解的空間的開放、連結的效果、窗外的風景、材質、採光的方式、明暗、使用動線的感覺。這種能夠親身感受的「實際案例」才是最終極的簡報工具。

同樣的建築師事務所，儘管可能因為不同的設計前提條件和業主需求，而提出全然相異的計劃、規格，乃至於設計的成果，然而，建築師的經驗與思路基本卻大同小異。因此業主透過實際案例所感受到的一切，即便結果稍有出入，也不至於太過離譜，同時業主也更能因此加深對於設計概念的認知。

∶ 開放參觀（OPEN HOUSE）

假若建築師事務所的辦公地點並不是建築師的自家住宅，那麼最好的樣品屋就是將所設計並且剛興建完成的作品，直接「開放參觀」，會是最好也最便捷的展演方式。很多人以為開放參觀的目的是為了尋找新客戶，其實大多是為了提供現有業主更進一步認識建築師的機會。除了開放參觀的房屋之外，不妨也事先準備好一張正在設計的業主新家圖稿和一把伸縮尺，參觀時可當著業主的面，實際測量房屋的寬度和天花板高度等等，讓業主一邊參觀、一邊比較，感受一下自己新家的大小或規模。要是外觀和裝潢與業主的新家有所不同，也不妨讓業主根據眼前的實際案例，當面比較一下兩者設計的優劣。

完工後的開放參觀

習慣上，開放參觀的時間通常都會訂在前一位業主正式搬入之前，**不過有些時候也會把時間訂在搬入之後**。若在前一位業主搬入之前進行，因為屋內尚未放置家具和家當，看起來會特別寬敞。要是開放參觀的是完工後經過數年的房子，儘管屋內擺放了家具和雜物，卻更能夠展現出真實的生活面，更能讓人感受到住屋真實的狀況。

除此之外，把開放參觀的時間訂在完工之後，業主還可以直接和前一位業主的交流分享，譬如確認室內的溫度、使用的動線、打掃整理的方便性，以及房屋的修繕維護、冷暖氣的使用狀況等等。

施工中的工地參觀

施工過程中業主親自前往工地參觀，則有助於業主對於房屋斷熱、建築結構等等和住屋性能相關細節的瞭解和判斷。通常對於房屋性能較具自信的營造公司，都會主動舉辦這類工地參觀的活動。只要有機會，建議你務必報名參加，實地瞭解他們在建築結構和房屋斷熱的想法和理念。

有些營造公司是只要先行預約，一律開放現場參觀。實際上就算只是觀察他們工地平時打掃的狀況，也會是你挑選營造公司時的重要參考。

開放參觀

CHAPTER 6

順利完成工程監造的
六大重點

這一章，我將說明從施工單位的挑選
一直到現場工程監造的這段期間必須掌握的要點，
以及如何避免發生監造疏失的秘訣。

1. 評選施工單位 應先排除價格導向

貨比三家反而可能導致工程品質低落

當建築師事務所必須負責評選施工單位時，一般來說，都會以「比價」的方式來決定將委由哪一個施工單位負責建造。大家之所以會採取這種方式評選，無疑是因為習慣以價格為主要考量，同時這也是大多數業主最能夠理解的方式。**不過若站在業主的立場考量，我個人認為貨比三家並非最理想的評選辦法，因為如此一來反而會造成「價廉而物不美」的結果。**

比起其他的購物行為，建造房屋有三個特點，「高價格」、「產品單一」且「非銀貨兩訖」。這裡姑且不論一些專屬訂製的昂貴商品，在簽署建造合約時，業主都是在看不到任何實物、只能憑空想像的狀況下進行。

換句話說，在簽約的當下，建築的品質仍然是個未知數。要是在貨比三家的時候只顧著考量價格、甚至一再地殺價，施工單位很可能會迫於成本的壓力，要不是在施工的過程中以安全為由坐地起價，要不就是壓低下游工班的價格，說不定找來的根本是個缺乏經驗又身兼數職，同時負責監管好幾處工地的現場監工。

也就是說，倘若把建造房屋視同購買大量生產的廉價商品，以價格為主要考量，秤斤論兩、錙銖必較，結果就算表面上沒有偷斤減兩、也看不出什麼大毛病，卻極可能在背後動什麼手腳，降低了工程的品質。

過去我也遇到過工程進度嚴重落後、現場監工人員的管理能力不足，營造公司在施工期間突然宣布倒閉之類的窘境，如今回想起來，我認為問題幾乎都出在「貨比三家」，以價格為導向的評選方式。

增加施工人員素質低落的可能性
增加管理鬆散與工期延宕的可能性
價格越低，工程品質低落的風險越高

⦂ 指定單一施工單位，將之視為自家人

說到究竟，工地的現場就是一個字：「人」。施工的師傅、負責工地監督的現場監工人員的能力，都直接影響到工程的進度和施工的結果。要是沒有足夠的經驗，根本難以掌握工地的狀況。因此，**我們唯一能夠說服業主的，就是充滿自信地告知業主「施工單位的技術能力和豐富的經驗」。**

當事務所直接指定了「一家」營造公司，在請求對方估價時，因為沒有競爭的對手，價格的審核工作就要看建築師事務所本身的經驗了。不過事實上，只要事務所能夠顧及各類特殊的需求，譬如確認是否有必要設置停車場，或者哪些狀況必須架設鷹架等等，正確地審核營造公司所提報的估價單，即便不貨比三家，最終的工程金額應該不至於和預期相差太遠。既然金額相差不遠，也就沒有貨比三家的必要了。

直接指定一家營造公司的好處不僅省事；另外在設計的階段，要是遇到必須討論施作方式或者貸款評估之類的問題時，假若已經講好之後會把這項工程委由某家營造公司負責施工，這時候對方一定會非常樂意提供諮詢或參與討論。畢竟每一家營造公司擅長的斷熱工法或門窗處理的手法都不一樣，而且儘早確定施工單位，也可免除中途修改設計的手續。加上地質探勘的工作大多也會一併交由同一個施工單位負責，儘早確定更是利多於弊。

　　除此之外，所有真正擁有技術能力、信譽良好的營造公司，大多都會擁有較高的品牌意識，凡是因為肯定他們技術能力的訂單，無疑也將大大提高他們完成任務的動機。而且，隨著合作次數的累積，雙方的溝通也會日益順暢。最後結論就是：若是不把施工單位視為夥伴，絕不可能完成好的作品。至少，直接指定一家營造公司，我認為是住宅最理想的工程發包方式。

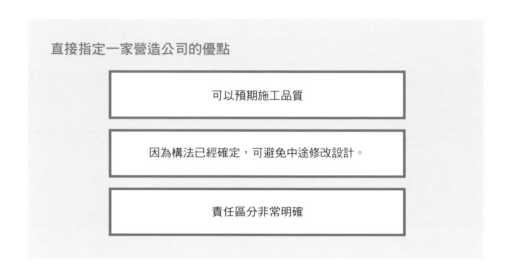

直接指定一家營造公司的優點

可以預期施工品質

因為構法已經確定，可避免中途修改設計。

責任區分非常明確

● 物色營造公司的方法

　　一般的情況，營造公司的工作範圍大多在一個小時車程以內。那麼要是在工地附近找不到熟識而又擁有技術能力的營造公司時，又該怎麼辦呢？

　　最快的方法就是上網搜尋。營造公司可以大致分成木造專業和非木造專業兩种，你必須先確認這一點。通常擅長和建築師事務所打交道、擁有技術能力又小有知名度的營造公司，你應該可以立刻認出他們，並且即刻確定人選，不過這類營造公司因為擁有相當豐富的經驗，事前就能預料簽約後施工製圖和工程管理的難度，因此往往同樣的工程，他們出價會相對較高，而且通常不會想接金額較小的工程。

至於一些號稱專業裝潢、擅長房屋銷售，掛著加盟連鎖招牌的營造公司，則因為缺乏技術能力，做不出建築師事務所要求的品質，基本上可以直接忽略不看。

我們真正要物色的營造公司，是老闆必須具備清楚的經營理念，內部制度健全、價格合理，同時一定要擁有足夠的技術能力的組織。這樣的公司通常單靠平時接案就足夠支撐自身營運，所以通常會非常樂意承包來自建築師事務所比較零星的案件。

儘管市場上營造公司的數量多如牛毛，上述這類營造公司卻難得一見，可遇而不可求。若實在找不到，另一個途徑就是直接詢問熟識的工程師，請他引介工地附近的同行。擁有技術能力的工程師，大多同時附屬在好幾家信譽良好的營造公司旗下，還會積極參與同業讀書會之類的組織，所以在同行之間一定擁有相當的人脈。值得一提的是，經常和我配合的幾家營造公司，老闆彼此都認識。當工地位在你不熟悉的地區，打算尋找新的合作伙伴時，在上網查詢之前，不妨先向這些老闆打聽一下口袋裡是否有合適的人選。

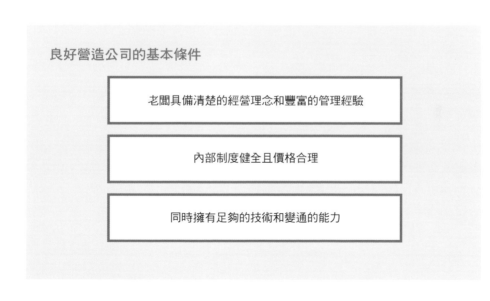

良好營造公司的基本條件

老闆具備清楚的經營理念和豐富的管理經驗

內部制度健全且價格合理

同時擁有足夠的技術和變通的能力

● 與營造公司洽談時必須確認的事項

經由網站或引介、物色到表現特別出眾的營造公司之後，不妨先透過電話大略告知工程的地點、規模、預算、工期等等事項，並且直接確認對方是否有承包和估價的可能。這麼做是因為即使承包的條件符合對方所需，對方也未必願意承包從未配合過的建築師事務所的工程，或單純因為目前業務繁忙、沒有餘力承包等理由而婉拒。透過電話，即可快速確認對方承包的意願。

若對方公司有意承包，接著請帶著業主會見對方的老闆，進一步瞭解這家公司的實際營運狀況。會面時，第一個要確認的是對方公司所提出的估價單（請在事前先請對方備好一份工程規模和預算相近的案例圖稿和估價單）。**看過估價單後，通常就能掌握這家公司的專業程度。**譬如單看他們的選材，大約就能判定出這家公司的技術水平。要是家具、門窗、地板、樓梯方面用的是大建工業或松下環境等幾家大企業的現成製品，廚房選的是系統廚具，浴室挑的是系統衛浴，外牆列出的是窯業系外牆壁板，大概就能推測出，這不過是家慣於拼湊組裝新式建材，缺乏真材實料的公司。

另外，從估價單裡，也能大致瞭解這家公司的服務費率、數量估算的方法、折扣比率的高低、各類材料的基本單價等等。有了基本的概念之後，別忘了順便確認這份估價單是由誰負責，若是業主打算自行施工，他們又會如何處置等這一類的細節。

若是木造建築，我還會把初步諮詢的一部分重點放在斷熱工程。因為斷熱工程關係到氣密、通氣、止水、結構等部分，因此更可以全面性地看出一家營造公司的技術能力。木造住宅因為斷熱工程的難度更高，對負責人的專業知識也有更高的要求。若是缺乏專業知識，實際負責施工的師傅往往會因為督導不週，而造成諸如通氣口阻塞或者在氣密材上打洞之類的窘況。這時候不妨直接詢問，他們平常採用的斷熱材是哪些，是否會設置屋頂通氣層，通氣層週邊的插座會如何處理，會以怎樣的效能做為施工的目標，如何控管施工的品質等等。確認之後，就能更深入地掌握到這家公司的技術水準。

此外，也請嘗試掌握這家公司的特色。如可以一一詢問問他們目前每年施工的房屋數量、其中自建住宅的比例、來自建築師事務所的案件數、公司內木造技術工程師的人數、木工與各類師傅的雇用方式、所加盟的團體、是否

提供完工保證等等。

　同時也請一併確認，簽約承包後實際負責工程管理的管理者年齡和經驗，此人同時負責的工程數量，以及該公司完工後協助業主維修房屋的頻率、繪製施工圖和品質保證的實際項目等等。

　以上內容，業主肯定會聽得一頭霧水，所以會面結束後也請記得向業主一一說明，讓他瞭解這究竟是否是一家值得信靠的營造公司。

與營造公司洽談時的確認事項

估價單確認項目		BAD	GOOD
共通事項	估價單僅一式一份	YES	NO
	估價單以坪為基本計價單位	YES	NO
	數十萬至數百萬的附註折扣	YES	NO
	附註非標準規格外的高單價品項	YES	NO
	變更後突然提高價位	YES	NO
附屬工程	外部的排給水工程另行計價	YES	NO
	採用現成組裝式停車棚	YES	NO
	外構工程價位較高	YES	NO
地基工程	15坪價格超過100萬	YES	NO
	廢土處理價格較高	YES	NO
木工工程	使用回收木材、加壓注入式地基材、白松柏	YES	NO
	承重牆一律採用交錯框架	YES	NO
	樓梯採用塗有護木漆的現成製品	YES	NO
斷熱工程	採用50mm左右的玻璃纖維棉、天花板斷熱、無通氣層	YES	NO
屋頂工程	外觀採四落水型的殖民地式屋頂	YES	NO
防水工程	露台採內縮式、FRP防水	YES	NO
外部門窗	玄關門採鋁製現成品	YES	NO
鋼骨工程	無鋼骨工程	YES	NO
內部門窗	採用木紋貼皮的現成門窗	YES	NO
外裝外觀工程	採用窯業系外牆壁板	YES	NO
內裝外觀工程	地板採塗有護木漆的複合式板材	YES	NO
	脫衣間和廁所採塑膠地板	YES	NO
磁磚工程	僅玄關貼付磁磚	YES	NO
訂製家具工程	採用木紋貼皮的現成家具	YES	NO
泥水工程	僅地基註明採灰泥收尾	YES	NO
塗裝工程	僅註明破風和簷底塗裝	YES	NO
雜項工程	有遺漏項目或漏寫	YES	NO
	扶手、玄關雨遮採用鋁製現成製品	YES	NO
配電工程	全數採用標準規格和標準數量	YES	NO
排給水設備工程	全數採用標準規格	YES	NO
用水工程	洗臉台為塑膠製品	YES	NO

若是信譽良好的營造公司，幾乎所有的項目結果都是NO

2. 「數量估算」 是調整價格的關鍵

⦂超出預算的解決辦法

　　如果完全根據業主的需求，超出預算恐怕是個必然的結果。我前前後後設計規劃過五十多間住宅，老實說，估價能夠一次到位、不超出預算的設計案根本寥寥可數。而要想降低工程的費用，殺價往往是我們最直覺的反應。問題是，業主看了也許能開心一時，殊不知無謂的殺價等於是逼著工程師、工程監造人員壓縮工程的品質，到頭來倒楣的還是業主自己。所以殺價絕非正途，要想不壓縮品質而又能降低價格，方法只有一個，那就是：仔細審核估價單，並且適度地修改當中的數字。而要修改估價單上的數字，就必須從詳細查核計價的基準，亦即材料的數量和單價下手。

　　數量✕單價✕（1＋服務費率）＋消費稅＝估價價格
　　●數量→由建築師事務所自行評估
　　●單價→比較過往案件中的單價

　　一般的建築師事務所核定估價單的方法，都是先貨比三家，然後才定出材料的數量。但是其實建築師事務所自己就能評估數量，並不需要交由營造公司負責估算。一間普通的住宅，大概只需要兩個工作天，便能算出所有的材料數量。即便不只兩天，最起碼也能在兩天內掌握內外裝的面積。由於我的事務所基本上一向都是直接指定一家營造公司，因此原則上我會在營造公司著手估價之前，先把這些材料的數量交給他們。

其次是查核單價。物價的上漲永遠擋不住，但是當你直接指定一家營造公司進行估價的時候，卻可以要求對方沿用過往案件中的單價，設法讓他們不要調價。

另外是有些營造公司可能只是直接引用下游承包單位所提供的數量和單價，所以只要仔細查核，說不定總價在一轉眼間就減少了數十萬不等。

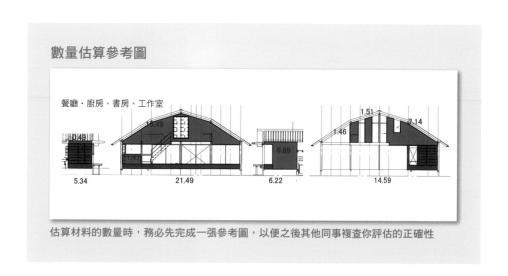

數量估算參考圖

餐廳・廚房、書房、工作室

估算材料的數量時，務必先完成一張參考圖，以便之後其他同事複查你評估的正確性

⦂ 遺漏或重複計算

當你發現收到的估價單中有遺漏項目時，記得要在原訂二次估價的時間以前，主動向對方提出。 就算在事前已經明文約定圖稿和估價單的順序可以用特殊規格書之類的形式提交，但事後才發現遺漏的話，開工後在現場肯定會引起糾紛。

價格的調整必須建立在設計單位和施工單位雙方的互信關係之上。因此，若是你們還打算繼續和同一個施工單位保持合作的關係，任何隱瞞我方利益或對方損失的行為都該極力避免。

若是住宅工程，通常最容易遺漏的項目包括玄關雨遮、地板檢查口、信箱、扶手、五倍承重牆的合板等處。

⋮ 全面刪除與一併處理最有效

　　修改估價單上的數字時，最有效的方式就是全數刪除。 因為更換材料的差額多半不會給人便宜了多少的感覺，不過若刪除的項目是地板暖氣、太陽能發電、廁所洗手台、可改為現成製品的家具、可延後完成的植栽和圍牆，減少的費用就相當可觀。

　　不過，有些材料的更換因為涉及多項工種的工程，這些項目對帳面數字調整的效果會非常顯著。譬如洗臉台的工程，因為牽涉到家具、門窗、設備器材、磁磚、鏡子、塗裝，倘若全面改為現成製品，總價勢必會大幅下降；浴室和廚房也是如此。當然，有些地方可能因為你投入了較多設計心血，因此也可以視情況增加費用。這部分的取捨請自行拿捏。

⋮ 由業主自行施工的部分僅限於塗裝工程

　　由業主參與工程施工也是一種節省支出的方法， 其中業主能夠自行施工的項目以塗裝工程為主。所有單純上漆的工作，都可以交由外行人做。其中特別是地板的塗裝，我所遇到的業主幾乎都是自己來。除了地板，如果業主願意連同踢腳板、樓梯、門窗（包括門窗框）、家具全都自行

業主自行塗裝

塗裝，就可能省下幾十萬的金額。地板最晚可以延後到工程驗收之後再自行塗裝，但是門窗框、踢腳板、訂製家具的外觀和階梯等處，則必須在牆面施工之前完成。不過，若業主只有週末假日有空，工序的安排就是個難題。施工單位可能會在正常的工期內，指定在某個週末完成，這時候請務必要求業主準時完工。

　　泥水工程的部分當然也可能交由業主自行負責，不過施工的範圍可能不容易切割。

⁞讓業主自行採購其實並不如想像中輕鬆

「業主自行購買」是另一種減價的方式。寫在估價單上的器材,一般來說施工單位都會加上一成左右的服務費,而且因為營造公司可能是以分期付款的方式向器材商或建材批發商購買,購買的單價又會比一般網購價格要高。為此,倘若業主打算自行網購,自然就會和估價單上的金額產生些許價差。不過自行購買的方式恐怕會延伸出以下幾種狀況。

- 是否符合實際需要(需確定是否真的能夠正常安裝)
- 是否有貨(需確認是否有庫存)
- 是否能直接運送至工地+是否有人到場收貨
- 貨品的驗收(若遇到缺損或不良品時該如何處置)
- 包裝材該如何處理

一分錢一分貨,要想省錢,業主就先得做足功課、勤快奔波,以及甘冒風險。因為過程並不像一般網購那樣輕鬆容易,倘若沒有做好心理準備,自行購買的品項最好以簡單的項目為宜,以免節外生枝,造成更多麻煩。

特別是水龍頭之類和排給水相關的品項,不僅數量多,而且涉及相關料件的搭配組合,這部分就連專業的水電師傅都很難完全掌握,更別說是業主了。這一類品項最好避免由業主自行購買。不過相對於此,馬桶、瓦斯爐、烤箱、洗碗機、空調機、照明燈具之類的品項,因為幾乎都包裝完整,自行購買起來則會輕鬆得多。

不過體積較大的物件可能會影響工地施作,最好接近施工日再送至工地現場為佳。業主若是只有週末假日有空的上班族時,要配合工程實際施作時間將貨物送達恐怕較難。此外,因為施工單位一定會指定器材安裝的日期,並且和安裝師傅約好準時到場,要是在指定日期還沒收到或者零件缺損,工程進度的延誤都得由業主自行承擔。若是無法承擔以上所有可能發生的風險,最好還是建議業主少給自己一點麻煩。

3: 工程監造的執行重點

⦂再度確認牆壁位置與高度控制

完成了價格調整和建照申請、並且簽署了工程合約後，接下來就可以正式進場，準備開工了。以下我以木造住宅為例，説明工程監造的流程。**通常在簽約之後、進場之前，我們會刻意保留一段空檔，這時候，第一件工作就是檢查施工軀體圖（建造木造住宅時，就是所謂的基礎詳圖），並且整理出壁芯、鋁框和木框、地板收邊與門窗中心點的位置。**記得要向施工單位詢問他們預定的門窗厚度和間隔尺寸，只要尺寸完整、沒有遺漏，就可以將所有尺寸詳細記錄在一張1/50的圖稿上。

同時也別忘了檢查高度的尺寸，必須再次確認主樑和次樑、基地和桁架的高度，並且做出最後調整。這一連串的作業因為將是日後各類施工圖的基礎，所以不妨也交付一份給施工單位和木料裁切工廠。

完成基礎混凝土的施工圖以後，則必須再檢查一次上頭所有的尺寸，檢查過的數字請隨手用簽字筆做上記號。特別是偏離中心點的部分，以及玄關門上凹陷切口的寬度等等，務必力求絕對正確。基礎若需要加入補強筋，也一定要確實標註出施作範圍。

主樑與次樑的高度控制

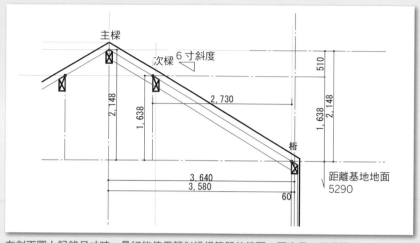

在剖面圖上記錄尺寸時，最好能使用類似這樣簡單的簡圖，更容易一目瞭然

基礎混凝土施工圖

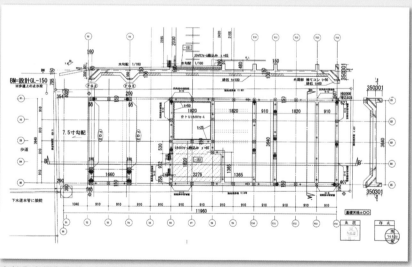

由於內容頗為複雜，檢查時務必要用簽字筆一邊在看過的文字或數字上做記號，以免遺漏

結構鐵件方面，必須根據日本的建築基準法或者N值計算（挑選安裝在柱頭或柱腳鐵件時使用的簡易計算公式）來進行配置。**即便你以N值計算，採用螺絲角鐵而非柱形螺栓固定，也務必要在可能發生鬆脫的柱體附近附加上基礎錨栓。**又因為在基礎搭接處一定需要裝設基礎錨栓，在搭接之前，務必請施工單位先行完成一份木料裁切圖。也請留意配管，避免錨栓影響到基礎下方的管路。另外若是柱形的錨栓會因種類的不同而改變錨定的深度，也請特別留意。

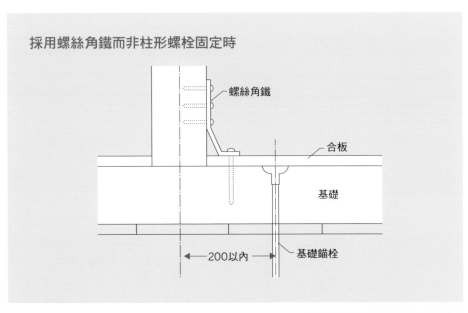

採用螺絲角鐵而非柱形螺栓固定時

螺絲角鐵

合板

基礎

←200以內→

基礎錨栓

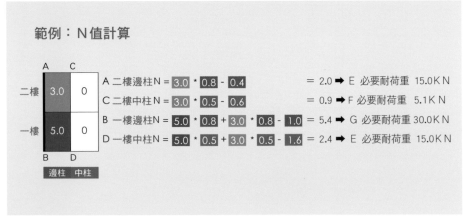

範例：N值計算

	A	C
二樓	3.0	0
一樓	5.0	0

　　　B　D

邊柱　中柱

A 二樓邊柱 N = 3.0 * 0.8 - 0.4 　　　　　= 2.0 ➡ E 必要耐荷重 15.0KN

C 二樓中柱 N = 3.0 * 0.5 - 0.6 　　　　　= 0.9 ➡ F 必要耐荷重 5.1KN

B 一樓邊柱 N = 5.0 * 0.8 + 3.0 * 0.8 - 1.0 = 5.4 ➡ G 必要耐荷重 30.0KN

D 一樓中柱 N = 5.0 * 0.5 + 3.0 * 0.5 - 1.6 = 2.4 ➡ E 必要耐荷重 15.0KN

套管圖（用於顯示排給水配管在基礎下方的管路位置、高度與口徑的圖稿）方面，可別忽略了空調機的隱藏式管線。各類配管管路的節點位置，也要盡可能設成是便於日後檢查的形式。

　　若施工單位未提供混凝土的調配報告，要主動提醒對方。若發現譬如混凝土的稠度、水泥砂漿的比例、單位水量、強度為特殊規格，則務必要事前告知，即便口頭告知也行，請施工單位將這些規格記錄在特殊規格書中。

套管圖

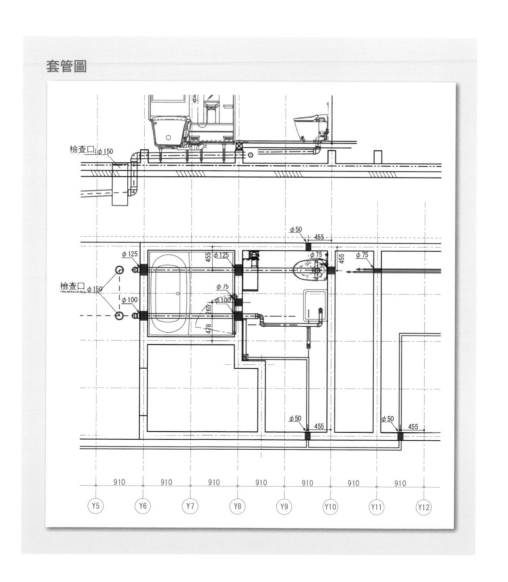

⁝配筋檢查的重點在特殊部位

　　所謂配筋檢查，就是要檢查每一根鋼筋的直徑、間距、錨定和搭接的長度**是否與圖面相符**。剛開始你可能會不知該從何處下手，所以我準備了一張檢查表，供你參考。

　　模板和鋼筋之間的距離請進行重點查驗。因為鋼筋的組立對鋼筋和模板的搭配精度是最基本的要求。不過由於目前日本法規上已經規定強制投保工程險，這部分會有第三方介入勘驗，所以需要檢查的項目其實並不多。也因此，工程監造人員最有效的檢查方式就是把重點擺在設計內容上。

　　首先請檢查之前在軀體圖中已經確認過的中心點是否偏離，特別是基礎和玄關開口這兩個部位。因為這兩個部位特別容易搞錯錨栓的數量，所以請務必一一確認每一個錨栓的位置。譬如柱形的錨栓在釘入時是否偏離、是否牢固，以及釘入的深度是否正確。**完成以上查驗之後，也務必要和現場監工人員討論灌漿的工序與時程。**

配筋檢查　　　　　　　　　　　　　　　　　　　　　　　根據檢查表依序確認配筋的狀況

配筋檢查的確認重點表

○○宅　配筋檢查表	年　　月　　日　　查驗人
■一般事項	
・基地水平設定 　建築基準點位置	□維持建築基準點不變
・建物配置（距離地界的距離）	□確認地基範圍與配筋施工時都要再次確認
・排水管至最終點的斜度	□留意是否存在最終點深度較淺的狀況
■模板	
・中心距離	□全程留意。尤以較容易偏離中心點的位置做重 　點查驗
・基礎深度與高度	□尤其建物四周的基礎尺寸。深基礎的位置亦需 　要格外留意
■配筋	
・配筋直徑、間距、數量	□邊角部位全數確認
・錨定（35d）、 　搭接（40d）的長	□配筋間距為200時，以分成三段為標準 　（直徑為d13時，錨定長度為40d＝520mm）
・配筋與模板的距離尺寸	□底板下部至少60mm， 　接地部分至少40mm，其他部分至少30mm
・開口與邊角部位的補強筋	□在d13的鋼筋上下各加一根
・玄關基礎部位鋼筋	□是否需要剪斷鋼筋
■錨栓	
・柱形錨栓的規格、位置與長度	□全數確認
・基礎錨栓的規格、位置與長度	□全數確認 □距離螺絲角鐵至多200
■套管	
・配管套管位置　排給水與瓦斯管	□全數確認
・二樓廁所的排水配管	□避免遺漏
・空調機隱藏式配管的套管位	□避免遺漏
・開口補強	□全數確認
■其他事項	
・防濕布破裂修補	□以防水膠帶修補
・模板內廢棄物	□移除
■灌漿前的最終確認	
・確認調配計劃書	□若未完成立即請補　攜帶小型影印機至工地
・施工日期　開工時間	□施工日期（　　）　開工時間（　　）～
・灌漿量	□灌漿量（　）m³　混凝土攪拌車（　）噸／輛
・水泥工廠位置	□由水泥工廠至工地現場所需時間（　　　　）
・天候與養護方法 　（尤以夏、冬兩季）	□天候（　　　　）　養生方法（　　　　）
・水泥砂漿棄置點	□棄置地點（　　　）　是否挖掘？ 　　　　　　　　　　　是否裝桶？
・勘驗單位的聯繫	□第三方勘驗完成後開始灌漿

※每個檢查項目皆須拍照保存

灌漿時務必親赴現場

在灌漿之前還有許多有待確認的事項，所以請務必親自到場。

絕不可以在攪拌車一到就即刻開始灌漿的作業。必須先在第三方完成坍度試驗（test for concrete slump）之後，才由現場監工人員發號施令，開始作業。而且一定要將灌漿車最前段的水泥砂漿棄置在模板外頭。棄置之前，也要先備好棄置點，以免破壞工地。

另外也請記得確認攪拌車傳票上的出發時間。通常從開始攪拌到灌漿完成的時間，夏天（25℃以上）必須控制在一個半小時，其他季節則在兩個小時以內。

坍度部分的現場確認

我的事務所通常以15做為坍度標準

前段水泥砂漿須棄置在模板外頭

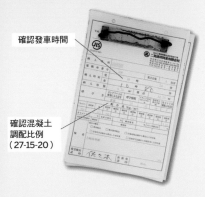

確認發車時間

確認混凝土調配比例（27-15-20）

攪拌車傳票

檢查木料時需避免出現可能的「弱點」

工程監造最要緊的項目就是木料查驗。這部分必須確認的事項很多，以下僅舉出較具代表性的重點。

重點確認

首先必須再次確認建物本身的結構特性和結構重點。除了懸臂樑、跳階地板的高低差、Ｌ型平面的陽角等較為明顯的部位外，也請留意譬如接受風壓的挑高樑柱、體積較大與集中承重的樑體，還有因四面接榫而較容易出現損壞的柱體等等。

這些都是最容易造成結構性「弱點」的組裝部位，也是檢查木料時的關鍵處，請務必在和施工單位與木料裁切工廠的設計師陪同下，悉數完成會勘。

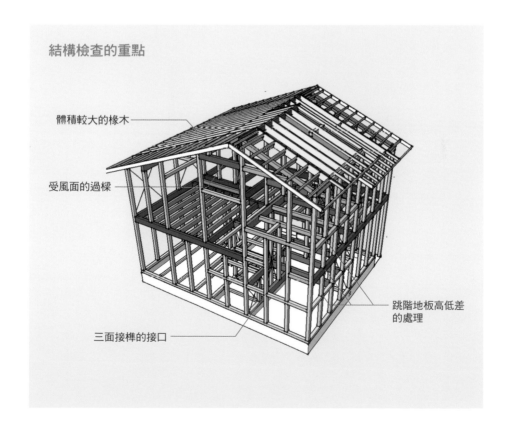

結構檢查的重點

- 體積較大的椽木
- 受風面的過樑
- 三面接榫的接口
- 跳階地板高低差的處理

237

進入檢查木料的階段以後，多半不會有什麼太大的變更，但是譬如樑體的尺寸必須增至30mm、樑柱的架構必須由上搭改為橫接、傳統榫接必須改以鐵件接合、增加小樑之類的小地方，仍可能出現變更的必要。

規格書的確認

完成了主要關鍵的檢查項目之後，接下來還必須檢查規格書。這部分的作業方式和之前由平面圖下手的過程恰好相反。理由是，必須在確定了木料之後，才可能決定木料的深度（垂直方向的尺寸）。不過在確認木料的過程中，還是必須拿著規格書和設計圖兩相對照。以我事務所的規格來說，我們通常基礎的木料多會採用扁柏KD（人工乾燥）或落羽杉，柱體採用「未經預裂處理」的杉木KD，一般的樑體採花旗松，210以上的樑體則會特別指定為彈性模數E 110的木料。地板的厚合板方面，基本上若是拼接式合板，多會採以接著劑的方式以工字鋪貼法進行鋪設，若是非拼接式合板，則會以每3尺的間距以60度角加入橫架材，以與樑平行鋪貼的方式鋪設。

另外間柱榫口的設定規則，也要和營造公司會商後決定，但是如果因為設計上的需要必須採用外露樑時，則必須告知營造公司，不要先開榫口。

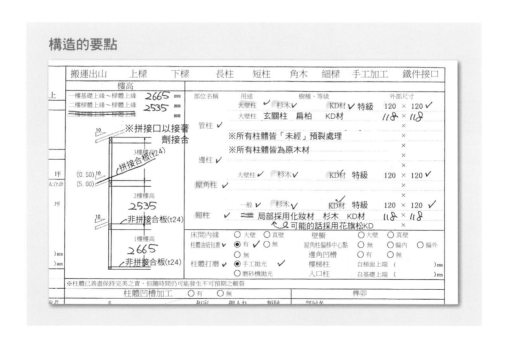

基本檢查

　　完成了規格的確認之後,接著請一邊對照著設計圖,一邊確認樑柱的尺寸和排列,尤其要留意偏移中心線的柱樑。樑木的高度標示是基準高度加減後所得的值;斜面屋頂下方的桁木和樑木若必須斜切,高度標示一般則會以高點為準,而不以中心線為準。這些數字因為特別容易出錯,不妨在確認的同時加上實景素描。

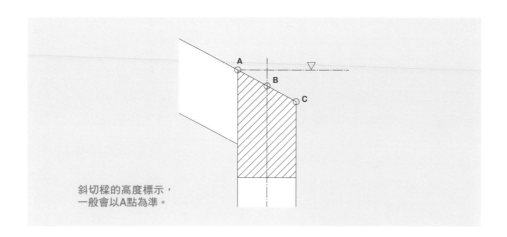

斜切樑的高度標示,
一般會以A點為準。

外露材的確認

　　所有需要外露的木料在木料裁切圖上一律都會以影線(hatching)標示。

　　在進場之前,木料裁切工廠習慣上會將外露材先用油紙包裹起來。因為上頭並沒有商品或品質標示,施工時必須特別留意木料的方向,避免顛倒或錯置。

柱角四周的R形細縫。

　　必須外露的合板也要確認標示方向或拋光面。特別是合板和二樓地板上的柱角之間通常會出現一條R形的細縫。要想避免這樣的情況發生,請記得提醒木料工廠在加工處理時,和合板接合的二樓柱角必須先行鑿出邊角凹槽。

搭接與接口的確認

　　樑體和基礎的搭接位置,應避免以水平方向直接搭在應力最小的部位。一般若設計圖上未清楚標示時,木料裁切工廠都會採用3〜4公尺的木料,因此若發現任何結構上的問題,務必改為連續樑或直接調整搭接的位置。在承重牆內原則上盡量避免搭接。接口方面,三面接榫或四面接榫的柱體,或大樑上搭接著多支樑高尺寸較大的小樑,在我的事務所習慣採用金屬支撐扣件的方式來作補強。至於集中承重的柱腳,以及和懸臂樑接合的柱頭或柱腳的接口,則會一律採用補強套管處置。

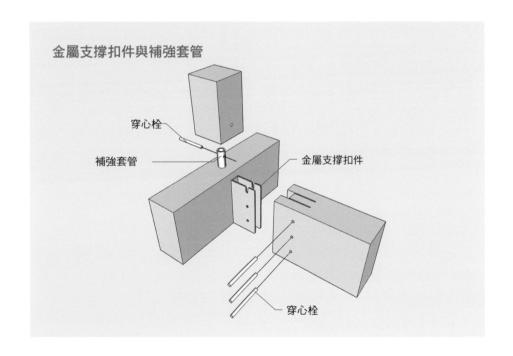

金屬支撐扣件與補強套管

穿心栓

補強套管

金屬支撐扣件

穿心栓

與機電設備的搭配

　　機電設備的安裝確認也是檢查木料時的一項重點。通風方面特別需要注意廚房排油煙機。在規劃廚房時,應該已經確定過了排油煙機的位置,因此此時必須確認的是排氣口是否會影響到柱體的位置。若發現確有影響,不妨將柱體改為兩根,將排氣管口設在中間。通風設備若影響到了樑體,則可透過降低天花板高度或改變小樑的方向來處置。

若排水管影響到樑體，處置的方式則與通風設備相同。廁所馬桶的排污口因為也正好位在三尺間的正中央，很容易和小樑衝突，這部分同樣也可以改變小樑方向來處理。

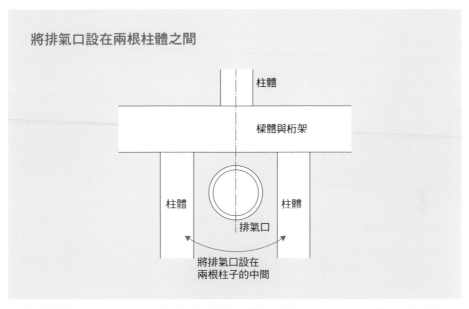

將排氣口設在兩根柱體之間

柱體

樑體與桁架

柱體　　　　柱體

排氣口

將排氣口設在
兩根柱子的中間

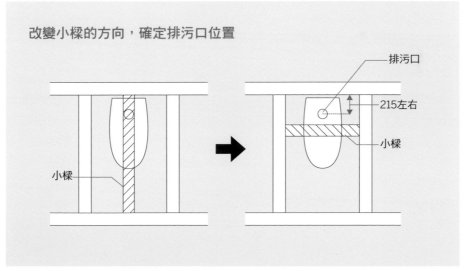

改變小樑的方向，確定排污口位置

排污口

215左右

小樑

小樑

　　電路的配線方面，一般都是在完成結構骨架工程之後才會決定實際的管路，但若是**二樓透天厝，則必須在一樓和二樓的地板或天花板尚未完成之前，必須先花點工夫確認角木的位置和管路空間。必要時亦可稍微調整樓層的高度。**

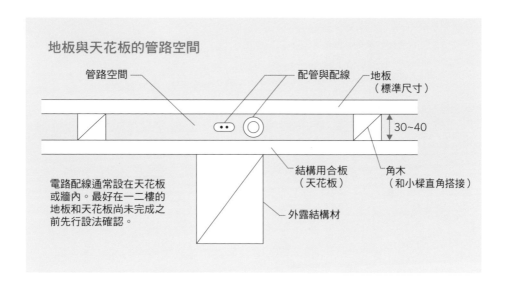

地板與天花板的管路空間

管路空間

配管與配線

地板
（標準尺寸）

30~40

電路配線通常設在天花板
或牆內。最好在一二樓的
地板和天花板尚未完成之
前先行設法確認。

結構用合板
（天花板）

外露結構材

角木
（和小樑直角搭接）

　　在天花板架設完成之後，也請留意光纖網路和配線的管路。原則上應盡量避免直接貫穿樑體，但是非得貫穿、而且不只有一條線路時，不妨考慮加大小樑的樑高尺寸。

　　配電盤上方一定會集中許多線路，若是天花板較高或者樑高尺寸較大時，也可能發生電線無法藏入牆壁內的情況。遇到這種狀況時，則可用加厚牆壁的方式來作處置。

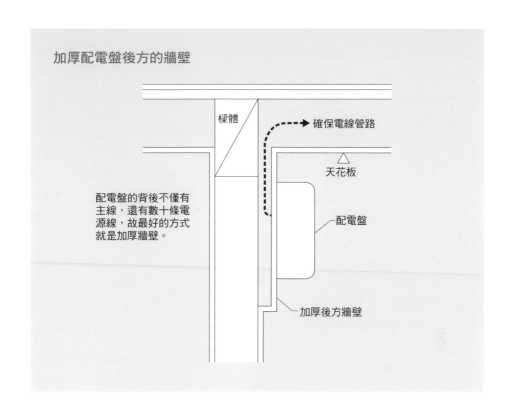

加厚配電盤後方的牆壁

樑體

確保電線管路

天花板

配電盤的背後不僅有主線，還有數十條電源線，故最好的方式就是加厚牆壁。

配電盤

加厚後方牆壁

與邊材、設備器材的搭配

天花板的高度必須視樑體下方的配管配線而定。倘若只有電源線，樑體下方至天花板材的空間，至少要保留15mm的距離；倘若還包括了電線配管，則至少要保留30mm，如果確實做好這樣的設定，保證萬無一失。另外是窗台和窗楣，因為會受到較大的水平應力，若柱體與柱體之間的距離超過一間（約1.8公尺），則最好加入新的柱體支撐。

也別忘了檢查放置書櫃或鋼琴等重物下方的樑體尺寸。二樓的系統衛浴、鋼骨露台、樓梯、玄關雨遮等處因為承重力較大，在進行木料檢查時，也不妨額外加入專用的承重樑。

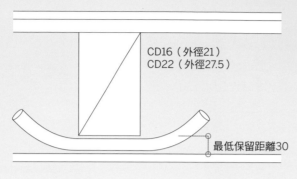

必須通過電路配管時，樑體下方至少要保留30mm的空間距離

CD16（外徑21）
CD22（外徑27.5）

最低保留距離30

鐵件類的確認

鐵件的查驗是木料檢查過程中最為隱密的一項重點。一來是因為基本上包括魚尾板螺栓在內的補強鐵件，通常從外觀上是完全看不到的，二來則是很多時候它們並不會直接用在屋頂或窗框的接合處。也就是說，鐵件的使用除了必須視實際的情況選用，還必須仔細考量使用的方法。

不過在樑體的端部一定會用到魚尾板螺栓。由於魚尾板螺栓的標示記號會因木料裁切工廠而異，每一家的習慣都不相同，所以事前最好先取得對方的標示一覽表。使用魚尾板螺栓時，每一根都會用到兩個螺絲帽，而且設計圖上會清楚標示是否設有螺帽隱藏孔。螺帽隱藏孔的有無則必須視外觀收尾的狀況而定。

在接合屋角柱和樑體的時候，因為樑體的上下都必須裝設魚尾板，若是在樑體的上下又都必須安裝窗戶時，一定要留意魚尾板裝設的位置。另外，要是預定要外露的樑體，則應避開方角孔和搭接的鐵件。

倘若兩者的角度較小，屋頂的椽木可以直接和桁樑接合，但若是角度較大，就得用斜撐鐵板補強。下一頁附圖是利用斜撐鐵板補強的範例。

魚尾板螺栓標示一覽表

魚尾板螺栓的省略記號（範例）	魚尾板隱藏孔	螺栓隱藏孔
	無	無
	無	有
	有	無
	有	有

方角孔螺栓的省略記號（範例）	孔位的方向	隱藏孔
	上	無
	上	有
	下	無
	下	有

魚尾板螺栓的標示

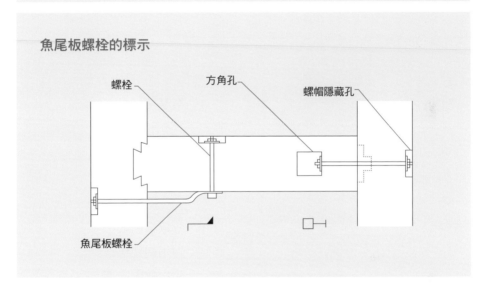

螺栓　方角孔　螺帽隱藏孔

魚尾板螺栓

椽木的接合法

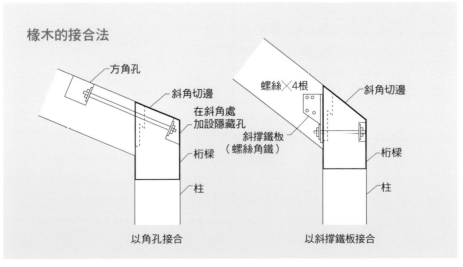

方角孔
斜角切邊
在斜角處加設隱藏孔
桁樑
柱
以角孔接合

螺絲×4根
斜角切邊
斜撐鐵板（螺絲角鐵）
桁樑
柱
以斜撐鐵板接合

木料的搭接位置也會影響到鐵件安裝的方式。譬如承重牆上方與屋頂坡面下的椽木，因為是搭接在桁木和主樑上的，所以必須改以錨栓的方式直接與柱體接合。

上樑前重新整理屋頂端部的料件配置

為了在上樑之後能夠立即展開屋頂的鋪設工程，必須利用木料骨架正在加工期間，和**營造公司討論並確認破風週邊所有的料件配置**。挑口板和登板的尺寸，也需在鋪設望板的階段先行確認。此外，在這段期間，必須給工班上樑時使用的拼接式合板和上頭所使用接著劑的指示，以及必須黏貼在合板接口上的氣密膠帶的方法。此外，也別忘了一一確認上樑時將陸續進場的各類釘件、鐵件、斷熱材和結構用板材的規格。

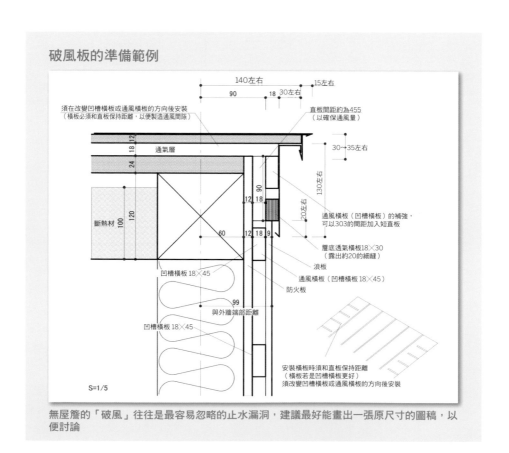

破風板的準備範例

無屋簷的「破風」往往是最容易忽略的止水漏洞，建議最好能畫出一張原尺寸的圖稿，以便討論

：購置窗戶時也要確認所有相關的配置

　　要是會用到防盜玻璃，交貨時間通常會拖得特別久，為此窗戶的採購必須在上樑前儘早進行。確認採購單時，記得要先設想到窗框和窗簾的安裝方式，並且跟業主先行確認。事先在圖稿上加上實體圖案，是避免業主誤解開關方式和玻璃種類的最佳方法。

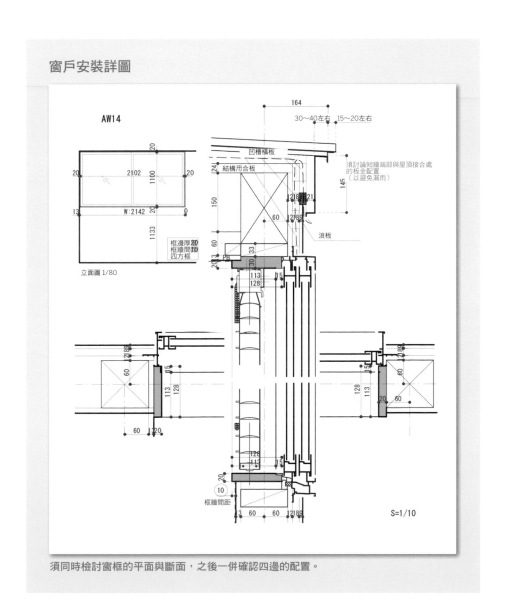

窗戶安裝詳圖

須同時檢討窗框的平面與斷面，之後一併確認四邊的配置。

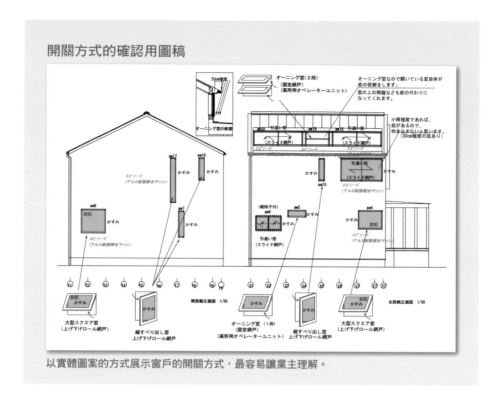

開關方式的確認用圖稿

以實體圖案的方式展示窗戶的開關方式，最容易讓業主理解。

　　根據日本民法的規定，凡是距離小於一公尺的鄰居窗口，業主都可行使隱私保護請求權，因此必須在這個前提下，決定所有窗戶的玻璃種類和保護居住者隱私的方法。

　　窗戶的選項極多，包括窗框的顏色、開關方式、紗窗的類型、扣件的位置、把手的形式（滑出式窗戶）。玻璃本身也有浮法式、LOW-E、鋼絲、霧面磨砂、防盜等類型，同時也必須確認使用玻璃的厚度和密封膠的種類。若是LOW-E複層玻璃，更要留意顏色以及採用斷熱型或遮熱型的材質。

　　對外窗口一般多會使用複層玻璃，因此在經過上述的搭配組合之後，通常規格都會相當複雜。

　　窗體和玻璃的關係務必要確認每一扇窗的規格。事務所最好能夠事先和營造公司確認發包給窗戶工班的採購單。待料件進場以後，也別忘了盡快到工地和現場監工人員確認所有的料件是否符合規格。

在上樑日當天確認外牆、屋頂和地板材

上樑日是屋頂、外牆和地板材的**最終確認時間**。不妨將事前向廠商索取的大型樣本，利用工地現場的光線展示給業主。滴水線和排水管等所用的料件也可以在這個時候一併確認。另外，在這一天中，還要特別留意確認隱藏在結構面材下方的鐵件、進場的材料（合板、隔熱材、結構鐵件、釘件、通風材等）。

指定間柱與窗戶週邊的基礎配置

結束了上樑和屋頂的鋪設、完成了外牆週邊鐵件的安裝之後，**接下來就要進行加入間柱和裝設外牆結構面材的工程了**。窗戶週邊若沒有特別指定，通常是指和柱體內側的厚度相同的窗台、窗楣和間柱三者。我的事務所則習慣特別指定與短牆接合的窗口不要加入標準尺寸的間柱。

此外，當五倍承重牆和系統衛浴的配置空間不足時，不妨縮小真壁部位的間柱尺寸。

設備配管的位置的告知

一般在上樑之後、開始鋪設地板之前，設備器材公司會先行做一次工場勘查。在他們開始作業，安裝器材之前，你必須先告知對方主要供水管和排水管的位置。器材樣式表中，若包含使用壁內排給水器材，安裝時可能必須大面積破壞基礎，則務必要提醒器材公司，避免影響到建物本身的結構。

⁞ 配電設備的配置與確認

　　一旦完成了上樑和建物的外型後，業主自然更能夠掌握房屋內外配電設備的裝設。**在正式進入斷熱和配電的工序之前，你必須透過展開圖和平面圖，著手構思所有配電設備的配置。**

　　這個部分除了線路、電表、配電盤的位置之外，你還得隨時留意配管與主線路、主柱與間柱的配置。然後再一邊設想使用的方便性，家電、家具的位置，一邊到工地現場和業主一一確認它們的尺寸和規格。

　　開關和插座的蓋板是許多業主特別堅持的項目之一，不過若想使用撥動式開關（Tumbler switch），可能得改變接線盒的尺寸，所以務必要讓業主瞭解了實際的狀況之後再行決定。

　　此外，在討論空調機的位置時，也請記得一併確認是否使用隱藏式配管。

⁞ 邊框、邊緣、收邊與軌道

　　在開始進行地板鋪設工程之前，也必須先決定好地板鋪設的方向。若鋪設的是厚合板，則無需顧及樑體的方向。另外，同時也需一併確認玄關邊框和樓梯挑高空間四周地板邊緣的位置與安排、拉門軌道和地板收邊的位置與配置方式。

完成配電設備配置的展開圖與平面圖

開關、插座的基本設置高度（未特別指明時）
開關 FL +100
插座 FL +200
橫向尺寸為與柱體之距離

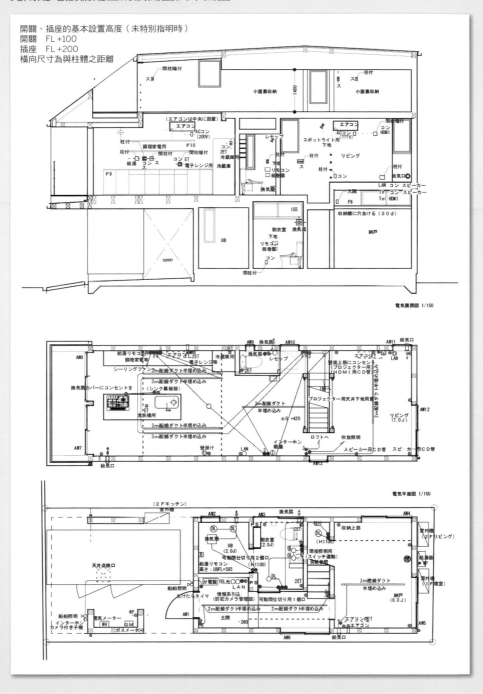

電気展開図 1/150

電気平面図 1/150

樓梯、扶手類項目的確認

樓梯的收尾或收邊細節較多，更需要在工地現場再做一次尺寸確認。另外梯身和挑高空間四周的扶手也必須包含在內，要向業主確認預防意外發生的安全網該如何安裝等等。

樓梯詳圖

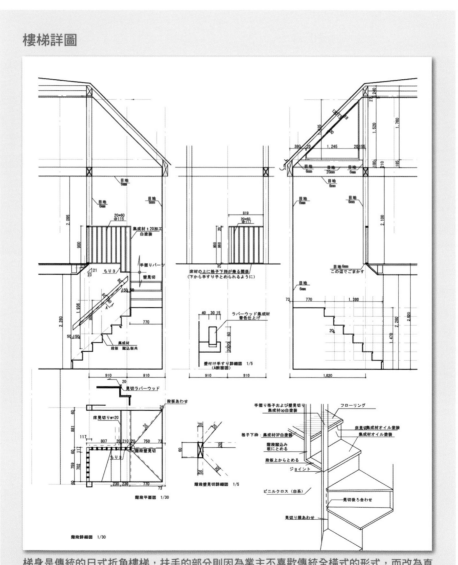

梯身是傳統的日式折角樓梯，扶手的部分則因為業主不喜歡傳統全橫式的形式，而改為直式的欄杆

● 家具的配置細節

在工程的後半期的重點任務，是必須完成一份家具配置詳圖。木工工程中的訂製家具位置因為必須完成週邊板材鋪設後才能確認，所以一旦完成了收邊相關的工程之後，就必須立即確定它們擺放的位置。在工地現場也別忘了再次參照設計圖，一一確認家具各部位的尺寸、門板開啟方向、材質、顏色、層板數量、面板的種類等等。有些時候可能因為施工的誤差，而必須做些尺寸上的微調。廚房的部分因為爐台面板的製作比較費時，不妨儘早和業主討論，做好必要調整然後下單購置。

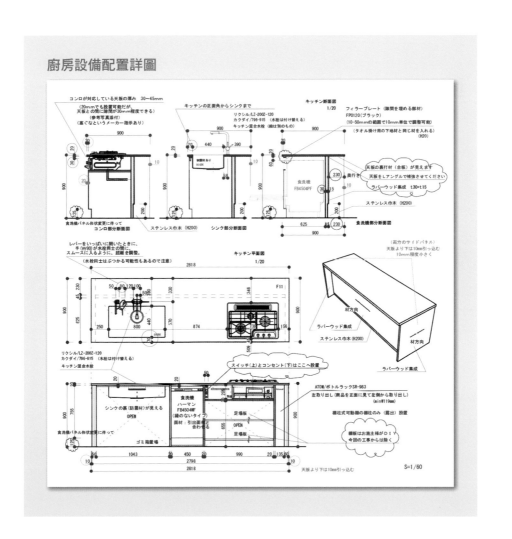

廚房設備配置詳圖

253

4. 五成的意外出在採購疏失

採購的疏失勞力傷財

　　料件的採購和驗收是現場監工人員最重要的任務。若延誤了採購時間，在料件進場之前便無法進入下一階段工序，整個工期也會被迫往後延。此外，倘若採購的內容有誤，無法退回的料件還得自行吸收，造成財務上的負擔。

　　最糟的情況是用了錯誤的料件施工。你不妨想像一下，萬一買錯了水泥，又用了錯誤的水泥砂漿打下了基礎，會是怎麼樣的情景。要是弄錯了圖面上的尺寸，大多數情況也許還能做點局部的修補；要是搞錯了材料，若尚未完工，也勉強可以局部打掉後修補，但要是已經完工了，恐怕只能全部打掉重建一途了。要言之，**在工序環環相扣的工程中，採購疏失可以說是最致命的錯誤。**

　　也許你未必會遇到這樣嚴重的狀況，但是在負責工程監造的時候，一定要盡量避免採購疏失的情況發生。

　　儘管這類問題未必是事務所造成，責任不一定在建築師，但是不論工程大小，**建築師和工地現場的監工人員務必要通力合作，共同完成所有「確認」的任務**，將採購疏失的發生機率降到最低。

盡可能避免臨時的變更

　　導致器材與收尾料件的採購疏失最常見的原因，就在於工地現場常見的「臨時變更」。許多業主都以為變更是他們應有的權利，殊不知工程監造的最高準則就是「按圖施工」。所以事前一定要先讓業主瞭解，若是在工程中

一再變更，不僅會讓工程人員為了調查、估價疲於奔命，難以善盡「品管」的職責，更會因此而影響到建築物本身的品質。

若遇實在非變更不可的情況，則應避免透過第三方傳話，應該要以白紙黑字的書面形式，詳細記錄業主所需的顏色或型號。

⦂圖面與估價單的內容誤差

年輕的現場監工往往會忽略估價單可能和圖面有所誤差，根據估價單直接下單採購。為了避免誤差的發生，不妨在特殊規格書上註明圖面和估價單的重要順位，同時在簽約之前再次確認兩者是否有所不同或矛盾之處。

⦂附屬料件亦不可小覷

譬如磁磚、油漆之類的附屬料件，一般幾乎都是在工地現場決定的，因此在設計的階段，大多不會先行確定這部分細節。然而，千萬不要因此小看了附屬料件可能發生的狀況。譬如**磁磚的顏色、寬度等等，萬一弄錯就得全部重貼。類似的狀況務必要格外留意。**

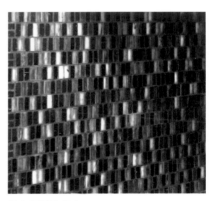

紫色間隔的磁磚

附屬料件通常會全權交由營造公司負責，不過有些情況可能仍需要由你主動告知「若選擇不只一種，下單採購之前請先跟我們確認」。譬如磁磚間隔的顏色，若是資深的現場監工多會主動詢問，但是年輕的監工則可能會自作主張而完全忽略事務所的意見。

⋮製作採購品項確認表

　　事實上，只要工程監造人員在現場監工人員下單訂購之前，悉數確認過所有不只一個選項的料件，就不會發生前述的意外疏失。所以，你不妨先行表列出必須確認的料件種類，和特別應該注意的事項，並且交給施工單位。我的事務所則習慣把下面這張確認表直接列在特殊規格書裡。

採購品項確認表

基礎類
- □水泥比例　　　　水泥和水的比例、坍度試驗、與設備之間的距離
- □基礎錨栓　　　　埋設長度
- □基礎墊件　　　　透氣處、氣密處、內部
- □分水接頭　　　　是否採用

軀體與基層類
- □椽木與間柱材　木材種類、尺寸
- □結構用N釘　　　廠牌、品名、長度
- □椽木用螺釘　　　長度
- □結構鐵件　　　　各部位的N值
- □合板　　　　　　耐水等級、收尾等級、標示方向
- □合板用接著劑　　住宅用木材專用
- □結構用面材　　　品名、厚度、尺寸
- □石膏板　　　　　厚度、種類（特別指防火與準耐火性能）

斷熱、通風類
- □斷熱材　　　　　各部位的品名、斷熱等級、厚度
- □通風橫板　　　　尺寸、有無通風孔
- □通風部材　　　　廠牌、品名、種類、顏色
- □望板氣密膠帶　　廠牌、品名、種類
- □透濕防水布　　　廠牌、種類

屋頂、排水管類
- □屋頂面材　　　　鋪設方向、相關料件、顏色、有無波浪
- □屋頂底材　　　　廠牌、種類
- □擋雪器　　　　　形式（連續或獨立）、顏色
- □縱向排水管　　　顏色、粗細、固定件的尺寸
- □屋簷排水管　　　顏色（表面與內面）、固定方式
- □排水斗　　　　　顏色、形式

外牆、窗戶類
- □外牆材　　　　　同固定部件
- □水切　　　　　　尺寸、形狀、顏色
- □外牆角部件　　　彎曲或烏賊鐵件

□相異木材部件	材料的上下位置、是否留邊
□窗戶	顏色、方向、紗窗
□玻璃	種類、空氣層厚度、LOW-E顏色、方向

外觀收尾

□邊材	樹種、尺寸、塗料種類
□地板材	鋪設方向、收邊材
□榻榻米	厚度、正面與背面材質、顏色
□磁磚、石塊	間隔顏色、種類、鋪設方式
□磁磚間隔材	廠商、品名、顏色
□塗料	顏色、亮度、混合比例
□填充材	種類、顏色

門與家具類

□拉門軌道	廠牌、品名、種類、材質
□把手	廠牌、種類、顏色、材質
□鎖	種類、顏色、有無說明與安全裝置
□木質門	材質、木紋方向、顏色、正門特殊規格、扶杆
□層架柱	品名、材質、架設方式
□抽屜軌道	種類、品名、拉出後尺寸、止滑裝置
□鉸鏈	關閉尺寸、止滑裝置
□榫頭	種類、直徑
□衣櫃吊杆	種類、品名
□不銹鋼流理台	有無防水邊和檔水邊、表面處理
□洗碗槽落水頭	形式（旋轉提籠式）、材質

設備、電器類

□設備機組	品名、顏色
□配電機組	品名、顏色
□開關、插座	品名、顏色（特別留意非白色內牆）
□配線管	顏色
□燈泡類	顏色、種類
□熱水器控制面板	形狀
□免治馬桶蓋控制面板	形狀
□電表箱	顏色、形狀
□屋外通風罩	顏色、形狀、有無護網
□空調機	型號、顏色、配管直徑
□送氣口	品名、顏色（特別留意非白色內牆）
□火災警報器	顏色

各類建材

□系統衛浴	天花板高度、控制面板位置
□地板檢查口	品名、口框顏色
□現成鋁製雨遮	有無竹簾掛孔
□信箱	品名、顏色

外觀類

□外牆灰泥	收尾（刷紋、平鋪）
□平台基礎水泥樁	種類、尺寸
□平台料件	木材種類、顏色

5. 左右工期的 儀式與相關手續

⠿ 透過設計端的建議讓工期進展得更順利

　　提交工程進度表與做好工程管理，是施工單位的職責。而原本負責設計規劃的建築師，在工程進行的過程中，也必須負起確認施工單位是否按照進度表上的計畫作業施工，同時不時地向業主回報工程的進展狀況。

　　不過，實際上真正能夠如期進行的工程其實並不多見，建築師只要在過程中稍有閃失，都可能導致交屋時間延宕，無法按照原訂計畫開放參觀。

◦動土儀式要在簽約之前先確定

　　若業主希望舉行動土的儀式，開工日期自然必須訂在動土儀式之後。而且為了配合業主的時間（一般都在週末），以及挑選良辰吉日、邀請親朋好友、預約神社祭司等等，通常工程的進度會因此延後大約半個月。僅因為動土儀式而犧牲了工程本身的安全，當然是本末倒置的，為此，倘若確定要舉行由神社祭司主持的正式動土儀式，務必在簽約之前就先行確定舉辦的時間。

　　至於動土儀式的良辰吉日，建議完全依照當地的習俗。一般來說，「六曜」中的大安、友引、先勝、先負都是合適的日子，同時避開「三鄰亡」即可（即一、四、七、十月的亥日，二、五、八、十一日的寅日，以及三、六、酒、十二月的午日）。

　　據我認識的關東地區營造公司，他們幾乎都認為動土儀式可有可無，業主則是要求和不要求舉行動土儀式的各佔一半。

　　不過即便業主未主動要求，一般營造公司仍會根據習俗，自備酒、米、鹽，舉行簡單的動土儀式，祈求工程順利，並且會親自向周圍的街坊鄰居打聲招呼，告知工程大致的進度，同時確認建物的實際位置和範圍。

由神社祭司所主持的正式動土儀式

⋮上樑儀式也會讓工期延後半個月

動土儀式原則上都是風雨無阻的，但是上樑儀式則會因為雨天或風大而延期。和動土儀式一樣，為了選擇週末和良辰吉日，上樑儀式也差不多會讓工期延後半個月。不過上樑儀式原本的目的是為了犒賞、感謝工程與工班成員，倘若因此而迫使緊縮工期，那就失去了意義。為此，倘若業主堅持在指定的日期舉行，務必要預先拉長工期，以避免過度的時間壓縮。

上樑儀式一般不會邀請神社祭司到場，但是至少會邀集當天負責施作的木工和高空作業人員七至八人，以及營造公司的老闆、監工到場。儀式中會先把酒、米、鹽撒在基地的四個角落，在彼此行禮如儀之後，形式上喝幾口酒便告結束。結束後也許大家當場分食供品，不過因為參與者大多開車，所以並不會真的喝酒。整個過程約莫一個小時。

我經手的業主當中，不舉行任何儀式的大約佔了四分之一，不舉行儀式但是會在上樑結束後發送紅包禮金的約佔半數，剩餘的四分之一則會在發送紅包禮金之後提供餐點。

上樑

除了紅包禮金之外，倘若業主還打算贈送伴手禮，不妨建議業主與其準備紅豆糯米飯或便當，不如選擇其他不會因為雨天臨時延期而壞掉的禮物。此外，因為當天大家都不喝酒，只要準備一點簡單的酒水（或啤酒）和零嘴即可。

⁝ 交屋時的相關手續

在交屋前的相關手續中，由工程監造人員負責的只有完成驗收這一項。 不過為了避免延誤，最好能提前約定驗收的時程。但是在這個階段，要由業主自行負責完成的項目可就不只一項了。

業主若是要申請房屋貸款減免，申請的條件是必須在建物完工該年便完成戶口遷移，並且即刻開始支付貸款。若業主打算申請建物或住宅用地的固定資產稅減免，則必須在完工該年就完成建物內的水電表安裝，達到可以入住的狀態。

若交屋時間是在年底，簽約時就必須特別留意這類手續。倘若業主手頭上擁有現金，正常的流程是先完成房屋驗收、交付尾款，之後再進行房屋登記。要言之，就是「完成驗收→交付尾款→取得鑰匙→火險生效→房屋登記→設定抵押權→開始支付貸款→搬家→遷移戶口」這樣的流程。不過很多時候也未必如此，例如業主必須等到貸款下來手頭才有錢，所以當然就無法立刻交付尾款了，交不出尾款自然也就無法變更住址，於是也就辦不成房屋登記了。

房屋登記在正常情況必須出示一份房屋驗收證明書，但是大多情況並不需要，這時候就可以在完成驗收之前，先行完成房屋登記的手續。另外是，開始支付貸款的前提一定是完成驗收，因此流程可能會變成「遷移戶口→房屋登記→完成驗收→取得鑰匙→火險生效→設定抵押權→開始支付貸款→交付尾款→搬家」。總而言之，要想順利完成以上這些手續，建議最好在交屋之前一個月左右便開始安排交屋的流程，同時告知業主交屋前後所必須完成的手續和項目。

投保火險

火險在工程進行中被保險人是施工單位，交屋之後則是業主本身。**為了避免發生保險空窗期，最好能儘早提醒業主先比較各家保險公司的條件，及早投保。**

房屋登記與戶口遷移

遷移戶口之前，亦即完工前的半個月左右，業主必須至戶政單位辦理新屋登記手續，並且取得門牌號碼。即便是改建，也可能因為改變了大門出口而必須更換地址。這部分大約需要十四個工作天，故也應儘早提醒業主辦理。

完成了登記，取得了門牌號碼之後，即可辦理遷移戶口的手續。不過在搬家之前，業主還可能需要到戶政單位或郵局變更通訊地址，變更時必須填寫「郵件改投、改寄申請書」。

房屋登記手續

提醒業主必須聘請地政士來協助完成房屋登記的手續。有些銀行可能會指定地政士，這一點務必要先行確認，若銀行不指定，則可由業主自行聘雇，或者請施工單位介紹。

辦理房屋登記時，必須出示房屋驗收證明書。這項手續通常會由地政士負責辦理，若驗收單位非民間機關而是地政單位，則請留意取得驗收證明書的時間。

另外譬如完工證明書、印鑑證明、房屋所有權人身份證明書等，則需向施工單位索取。

取得一般住宅證明書

由於房屋所有權保存登記與抵押權設定登記的印花稅減免，都必須在取得一般住宅證明書之後才能申請，因此**在辦理各項登記之前，請提醒業事先取得一般住宅證明書。**申請時必須出示房屋驗收證明書和地址證明書。除此之外，若業主打算利用長期優良住宅或低碳住宅的資格來申請房屋貸款扣抵所得稅，申請時亦需出示一般住宅證明書。

確認貸款開始日期

　若業主擁有三十五年固定利率貸款的資格，從戶政單位寄出資格符合通知書至貸款開始日期，大約需要兩個星期的時間。若業主希望在年底的施工期間就能享有房屋貸款扣抵所得稅的資格，請務必告知業主，若年底申報所得稅時還未開始支付貸款則無法扣抵。

　也就是說，事前務必要掌握取得資格符合證明書的日期，並且與金融機構協調申辦的時間點。

確認是否同意開放參觀

　若希望業主在交屋前後能夠提供開放參觀，也務必在事前和業主確認日期、時間、是否採預約制、是否接受攝影等事項。

　通常這時候也大多正在安裝空調機和窗簾，業主亦可能正在忙著自行塗裝，正好是調整後續進度的大好時機。

6. 交屋時附帶交付的 建物「使用說明書」

⦂ 建物使用說明書

　　購買電器用品時一般都會隨附一份操作使用說明書。這不只是為了預防使用者在使用過程中超出了廠商原本的預期，造成危險或者縮短了產品的使用壽命，更是為了充分發揮產品本身的性能。

　　一般來說，公共類建築在設計時，大多會以安全性和耐久性做為優先考量，而住宅類建築，有些時候建築師可能會因為得到了業主的理念認同，而以設計創意為優先，犧牲了局部安全性和耐久性，雖然這樣的情況並不多見。但是不論如何，只要遵循一定使用規範，絕大多數的建築物仍是非常安全的，業主無需擔心，還是可以舒適安心地長期使用。而且只要建築師和業主的目標一致，大多都能防止完工後的意外發生。

　　以我的事務所為例，我們一向都會特別為業主準備一份詳細記載使用規則，大約三張左右、A4大小的建物使用說明書，在交屋的同時陪同業主詳細閱讀和說明，最後簽署用印。

使用說明書的記載事項

　　使用說明書內，最重要的莫過於安全事項。譬如清楚記載了孩子如果還小，所有可能攀爬或者間距較大、容易穿越的扶手，務必預先架設安全護網；窗戶和扶手週邊若擺設了家具，應留意孩童攀爬、跌落的危險等等。不妨一一列舉出所有可能發生危險的地點、位置，同時盡可能做到預防萬一的安全措施。

另外也請記載防滑的措施。譬如石塊、磁磚、粉光水泥地面，都是下雨天或下雪天最容易滑倒的地方。另外，譬如只以幾根螺絲拴上的吊衣杆或扶手應避免懸吊玩樂等，也要詳細指出。

當然，還要提醒業主各類設備器材的使用注意事項。譬如必須清楚記載，使用瓦斯或汽油類的開放型家電用品可能有一氧化碳中毒之虞，門窗緊閉時切勿使用；必要時應二十四小時全天開啟通風扇，以降低引發「病態建築症候群」的可能；為了避免牆壁內潮濕、結露，加濕器應設定在50%以下的濕度等等。

最好也清楚說明一些一般住戶容易忽略的注意事項。譬如玄關的地板下方最容易積水，應避免以灑水的方式清掃；脫衣間若是木板地，防滑地墊應避免長期放置，以免潮濕生霉；基礎的週邊應避免放置木材，以免引來白蟻；玻璃的週邊應避免放置軟墊，以免引發熱皸裂；禁止將書櫃之類的重物固定放置在房間的中央，以免地板下方的樑體彎曲變形等等。

其他如為了增加房屋的使用壽命，外牆、屋頂、木作平台都應定期塗裝；排水管和浴室的排水口應定時清洗，以免堵塞或產生異味等，也都要用白紙黑字寫下，提醒業主日常的打掃和維護的頻率、次數的重要性。

最後為了避免不必要的糾紛，使用說明中請特別註明，天然的材質非永久不變，皸裂、彎曲、變形皆屬正常現象。

265

範例：建物使用說明書

○○○先生／女士 宅邸 建物使用注意事項　20XX 年 X 月 X 日 i+i 設計事務所 飯塚

【確保安全與避免意外發生】

● 留意孩童任何可能發生穿越跌落的狀況。
屋外的平台、室內的樓梯、挑高空間週邊的扶手，因採用間距較大的直式欄杆，可能穿越；閣樓的欄杆與書桌亦可能穿越或攀爬。孩童玩耍時，或親友小孩造訪時，請在欄杆的週邊加裝護網，確實做好預防跌落的措施。並於前述情形發生時，應事先告知孩童，不可攀爬或穿越，同時盡可能避免孩童離開大人的視線。
餐廳的長椅與通往和室房間的階梯因落差較大，亦有發生意外的可能，也請一併留意。

● 請防止攀爬或其他可能發生跌落的狀況。
平台欄杆、窗戶、挑高空間及樓梯扶手的週邊，若擺設家具，應留意可能因攀爬造成的跌落意外。樓梯邊、餐廳西北側、和室房間西南側、二樓廁所的外推式窗口，以及廚房與平台高處的推拉窗，開關或打掃時亦有跌落的可能，也請特別小心。

● 留意下雨天、下雪天時玄關週邊滑跤的可能。
入口門道與停車場的水泥地面與玄關週邊的磁磚地面，皆屬容易滑跤的區域。下雪天與下雨天時，請務必留意。

● 留意廁所、脫衣間及浴室可能發生的滑跤狀況。
請特別留意廁所、脫衣間、浴室的地板潑水後容易滑跤。浴室、脫衣間、廁所經常保持乾燥，亦有助於維持房屋的使用壽命。

● 請勿關閉全天候通風扇。
申請建照時，已將一樓浴室與一、二樓廁所之通風扇設定為二十四小時全天開啟。請勿擅自關閉。

● 請勿使用開放式暖爐。
貴住戶房屋係屬高氣密住宅，使用汽油、瓦斯為燃料之開放型暖爐，有一氧化碳中毒與結露之虞，請勿使用（由節能的角度，亦不符合經濟效益）。

● 使用指定燈泡或燈管。
請務必使用指定燈泡或燈管。尤以螢光燈專用之燈具，務請使用指定的螢光燈，切勿擅自改裝為白熱燈泡。（若為 LED 燈泡，更換時亦請確認燈泡的型號。）

● 非預期之用途可能造成損壞。
各類家具、收納櫃架、脫衣間之洗手台等設備，以及廚房流理台，皆預設為非攀爬之用。晾衣杆與吊衣杆亦預設為非人體承重。若攀爬或人體吊掛，除可能造成損壞，亦有發生意外的可能。
屋外平台、樓梯、挑高空間週邊的扶手等，室內外的扶手皆為預防意外發生之用，而非預設為可承重大量物品或人體吊掛之用。故請勿吊掛或故意搖晃。

● 入夏後平台可能出現高溫。
木作平台於入夏之後，可能出現高溫或燙熱。原則上請穿鞋進入。

● 配電管路仍有觸電的可能。
所有配電管線雖已包有預防觸電的安全絕緣層，但在電源開啟的狀態下，若將手指伸入管路當中，仍有觸電的可能。移動燈具或靠近管線時，應先關閉電源。

【打掃與清潔】

● 定期疏通、清洗屋簷排水管。
因屬高處作業，清洗時請注意安全，避免跌落。必要時請聯絡營造公司付費處理。

● 定期清潔通風扇與通風口濾網。
堵塞時可能降低原預設的通風性能，故請定期清潔通風扇和過濾網。

● 定期清洗浴室排水口。
若不定期清洗，可能發生異味。尤以夏季，請務必定期清洗。

【維持使用壽命】

●請勿灑水清掃玄關地面。

浸濕的鞋子或雨傘等並不影響玄關地面，但若以水管灑水或以水桶大量灑水，水分則可能滲入地板，造成下方潮濕。清掃玄關時，建議使用濕抹布或拖把。

●浴室使用後若未立即流放熱水，請務必為浴缸加蓋。

盡可能保持浴室的乾燥，避免長時間充滿水蒸氣，將有利於降低室內生霉的機率。使用後若未立即流放熱水，請務必隨手為浴缸加蓋，並在沐浴後將牆面的水滴擦乾。浴室門口若長時間放置地墊，亦有生霉之虞，應盡量避免。

●請勿在基礎週邊放置木材等雜物。

若堆積木材，白蟻可能沿著雜物爬進屋內。請定期檢查房屋基礎，以免當白蟻進入基礎，設置蟻窩。

●烹調時若使用油料，使用後請勿立即關閉抽油煙機。

使用油料後持續開啟抽油煙機，可減緩廚房累積油污的速度。

●定期塗裝平台、外牆和屋頂。

請定期塗裝木作平台。木製外牆亦建議定期粉刷。屋頂的鍍鋁鋅鋼板保固期限為 10 年，正常使用約可維持 20 年，但仍建議定期（10 年一次）塗裝，以延長使用壽命。

●二樓地板中央和閣樓不可放置重物。

各樓層的設計承載重量約為每平方公尺 180 公斤（約三個成人的體重），若放置重物，譬如大型書櫃等，可能超出樓層的承載重量。

●留意過度使用加濕器。

入冬以後保持正常通風，室內可能會感覺過於乾燥，但過度使用加濕器，反而容易產生結露現象。入冬後室內的濕度維持在 50%，亦有助於延長房屋的使用壽命。

【保固外事項】

●原木與集成材可能出現皸裂、變形。

包括家具、櫥櫃在內，地板、原木、集成材的皸裂、變形，皆屬自然現象。敬請理解並見諒。

●牆壁面板可能因為底板的乾燥、收縮而出現裂痕或細縫。

內牆若出現裂痕或細縫，亦屬材料特性與自然現象。

●門窗玻璃可能出現結露。

門窗玻璃全數採用複層玻璃，唯複層玻璃可能因為不同的使用狀況而出現結露現象，敬請理解並見諒。關閉全天候通風扇時亦可能發生。

●玻璃可能發生熱皸裂現象。

未施以任何外力，玻璃仍可能因為表面溫差而出現皸裂現象。尤以玻璃表面貼付有反光紙時，發生機率更高。此外，若在玻璃旁放置坐墊或隔間板，亦可能因為溫度的變化出現熱皸裂現象，請務必留意避免。

●大型門窗可能出現變形。

大型木製門窗可能出現變形現象。若難以開關時，請聯絡營造公司協助處理。家具的門板長期使用亦可能出現開關不順等狀況。難以開關時，亦請聯絡營造公司處理。

上述內容悉經本人確認。西元　年　月　日

本人　住址　　　　　　　　　　　　　　姓名　　　用印

根據「交屋內容確認合約」，上述內容悉經委託人確認。

委託人　住址　　　　　　　　　　　　　姓名　　　用印

⋮製作收尾料件、顏色、器材列表

　　最後若能預先設想並整理出一張收尾料件和使用器材的列表，將更有助於業主日常房屋的整理、更換，甚至日後的重新裝修。倘若施工單位無暇處理，不妨委託監工人員完成這張表格。有關塗裝的顏色，最好以日本塗裝工會的編號表示。

收尾料件與使用器材列表

插座、開關類料件請參照附先不在此列

○○邸新築工事		照明與用電設備			2015.11.15
批注	料件名稱	廠牌與型號		數量	備註
		廠牌名稱	型號／顏色		
已確認	筒燈	國際牌	LGB74103LE1／白光		LED插座可更換、黃光
已確認	配電管	國際牌	顏色：白		
已確認	對講機	國際牌	VL-SWD210K	1	
已確認	開關／一般型	國際牌	撥動式		
已確認	開關蓋板／一般型	國際牌	對應撥動式開關金屬蓋板		有螺絲
已確認	開關／其他型	神保電器	NKP對應／白		不透明壓克力蓋板
已確認	開關蓋板／其他型	神保電器	NKP／白		
已確認	開關／木材、家具型	國際牌	全色系列／灰		不透明壓克力蓋板
已確認	開關蓋板／木材、家具型	國際牌	全色系列／灰		
已確認	定時開關	國際牌	WTC5331WK		開啟即定時（一樓鞋櫃內）（廚房中島流理台內）顏色：菊花系列僅有白色
已確認	自動感應開關	國際牌	WTA1411W		自動開關進階版（一樓玄關）
已確認	插座／一般型	神保電器	NKP／白		
已確認	插座蓋板／一般型	神保電器	NKP對應／白		
已確認	插座／搭配撥動式開關	國際牌	全色系列／灰		不透明壓克力蓋板
已確認	插座蓋板／搭配撥動式開關	國際牌	金屬蓋板／有螺絲		
已確認	插座／木材、家具型	國際牌	全色系列／灰		不透明壓克力蓋板
已確認	插座蓋板／木材、家具型	國際牌	全色系列／灰		
已確認	屋外插座	國際牌	智慧設計系列／白		
已確認	屋外牆壁投射燈	松本船舶	新零式木作／銀	2	玄關、入口門道、平台

已確認	屋外牆壁投射燈	國際牌	LGWC45001W／白	1	（估價外追加）（停車場內側）
	空調機		客廳（隱藏配管）		吉田工務店採購
			主臥室		
			小孩房（可移動式）		
已確認	全天候通風扇	國際牌	FY-08PDS9SD／白		AY-W40SV-W／夏普200V
已確認	全天候通風口	西邦工業	JRA100H／白		設置於一樓廁所

○○邸新築工事				家俱工程			2015.11.15
		型號或名稱	本體與裝配	本體與裝配塗裝	門窗	門窗塗裝	備註
已確認	F1	鞋櫃更衣間	椴木 LCt21 背板：椴木 t4左右	天然塗料／原木色 #1261			可移動式櫥椴木 LCt21 亦需塗裝 吊衣杆直徑25左右
已確認	F2	小和室	椴木 LCt30 橡木集成材 t30 結構合板 t24	VATON 護木塗料／大谷塗 自然色收尾			正面30×30左右（外觀近似椴木材）榻榻米
已確認		小和室下方	椴木 LCt21	VATON 護木塗料／大谷塗料 自然色收尾	椴木 LCt21	VATON 護木塗料／大谷塗料 自然色收尾	腳架
已確認	F3	長椅	橡木集成材 t30 椴木 LCt21	屋主自行塗裝		屋主自行塗裝	
已確認	F4	廚房中島流理台	椴木 LCt21 背板：椴木 t4左右	VATON 護木塗料／大谷塗料 自然色收尾	椴木 LCt21	VATON 護木塗料／大谷塗料 自然色收尾	天板：水曲柳集成材 t30 架柱式可移動：架柱外露 可移動架：椴木 LCt21、t30
已確認	F5	廚房	椴木 LCt21 背板：椴木 t4左右	VATON 護木塗料／大谷塗料 自然色收尾	椴木 LCt21	VATON 護木塗料／大谷塗料 自然色收尾	洗碗機面板亦為椴木 架柱式可移動：架柱外露 可移動架：椴木 LCt21
已確認		電冰箱上方	椴木 LCt21	屋主自行塗裝	椴木 LCt21		可移動架：椴木 LCt21
已確認	F6	食材儲藏室（東側）	椴木 LCt21 背板：椴木 t4左右	屋主自行塗裝			架柱式可移動：架柱外露 可移動架：椴木 LCt21
已確認		食材儲藏室（西側）（外牆側）	椴木 LCt21 背板：椴木 t4左右	屋主自行塗裝			架柱式可移動：架柱外露 可移動架：椴木 LCt21
已確認	F7	洗臉台	椴木 LCt21				天板：磁磚收尾
已確認		鏡箱內部與外門整體塗裝	椴木 LCt21	VATON 護木塗料／大谷塗料 自然色收尾	椴木 LCt21（附鏡子）	VATON 護木塗料／大谷塗料 自然色收尾	架柱式可移動：架柱外露 可移動架：椴木 LCt21
已確認	F8	洗衣機上方層架	椴木 LCt21	VATON 護木塗料／大谷塗料 自然色收尾			架柱式可移動：架柱外露 可移動架：椴木 LCt21
已確認	F9	脫衣間收納可移動式層架	椴木 LCt21	VATON 護木塗料／大谷塗料 自然色收尾			架柱式可移動：架柱外露 可移動架：椴木 LCt21

		型號或名稱	本體與裝配	本體與裝配塗裝	門窗	門窗塗裝	備註
已確認	F10	廁所洗手台	橡木集成材 t30　椴木 LCt21	VATON 護木塗料 / 大谷塗料 自然色收尾	椴木 LCt24 左右	VATON 護木塗料 / 大谷塗料 自然色收尾	天板：橡木集成材 t30 架柱式可移動：架柱外露 可移動架：椴木 LCt21
已確認	F11	更衣間	椴木 LCt21	VATON 護木塗料 / 大谷塗料 自然色收尾			吊衣杆直徑 30 左右 可移動架：椴木 LCt21
已確認		多用途室內晾衣杆（掛壁式）	不銹鋼 鋼管直徑 19 金屬板座 t5	油漆塗裝 GN-20 （黑，無光澤）			
		多用途室內晾衣杆（掛樑式）	不銹鋼 鋼管直徑 19 金屬板座 t5	油漆塗裝 GN-20 （黑，無光澤）			

屋主自行塗裝部分（預定時間：12/16、17）
・上述家具（電冰箱上方層架、食材儲藏室東西側、長椅）
・樓梯
・地板（木板地部分）
塗料：VATON護木塗料、自然色收尾
工具與塗料由○○○負責採購

塗料調配比例請參照附件，不在此列

		塗裝工程		2015.11.15
1	已確認	窗框	VATON 護木塗料 / 大谷塗料 自然色收尾	局部塗裝 AW2,3 AW9,10,11 水性樹脂塗裝（棉布擦拭）/ G22-85B
2	已確認	門框	VATON 護木塗料 / 大谷塗料 自然色收尾	局部塗裝 更衣煎、小孩房　水性樹脂塗裝（二度底漆＋面漆）/ G22-85B
3	已確認	踢腳板	VATON 護木塗料 / 大谷塗料 自然色收尾	
4	屋主塗裝	樓梯（一樓～二樓）	VATON 護木塗料 / 大谷塗料 自然色收尾	
5	已確認	樓梯扶手	油漆塗裝 GN-20　（黑、無光澤）	
6	屋主塗裝	木地板	VATON 護木塗料 / 大谷塗料 自然色收尾	
7	已確認	木外牆	SIKKENS 護木漆 HLS / 漂流木色	二度塗裝　玄關週邊　平台正面週邊為光面 正面為粗面
8	已確認	平台柱	Xyladecor 護木漆 / 銀灰	
9	已確認	平台	Xyladecor 護木漆 / 白木色	二度塗裝　底面亦需塗裝
10	已確認	簷底（玄關、平台）	水性樹脂塗裝 / G22-85B	配合天花板顏色
11		防貓門	Xyladecor 護木漆 / 白木色	二度塗裝　底面亦需塗裝
12	已確認	裝飾柱、樑、短柱	水性樹脂塗裝（棉布擦拭）/ G22-85B	需大力擦拭，讓顏色變淡

家具請參照「家具工程」確認表

		磁磚與壁板工程		2015.11.15
1	已確認	玄關地面	大村磁磚 / 地磚黑 300 邊角 4613	間隔：INAMEJI G4N 整塊
2	已確認	玄關門道	大村磁磚 / 地磚黑 300 邊角 4613	間隔：INAMEJI G4N 整塊
3	已確認	廚房牆面	平田磁磚 / 復古磁磚 MP-800-R / 白	間隔：超亮（廚房） 顏色：白（間距越小越好）
4	已確認	洗臉台牆面	聖和磁磚 / 地黃磁磚 50 邊角 LM-1 / 50	間隔：超亮（廚房） 顏色：地灰 間隔：使用廚房專用超亮型

			內裝工程		2015.11.15
1	已確認	牆面（珪藻土）	Onewill／珪藻壁紙 自然色收尾		穀殼色（更衣間前段部分的天井、臥室入口門框上部）
2	已確認	牆面（壁紙）	Lilycolor／LW-766		食材儲藏室、脫衣間、廁所、更衣間（小孩房屏風牆換色）
3	已確認	小孩房屏風牆（壁紙）	空調機牆面（北側、玄關面）：LW-781 （橘色） 廚房面（南側）：LW-766 （翠綠）		
4	屋主塗裝	天花板	Lilycolor／LW-766		基本色（可局部延展） （局部塗抹珪藻土）
5	已確認	和室 榻榻米	半疊鋪設（無邊）／DAIKEN 榻榻米 t30 4 片	面材／嫩草色16 健康君	
6	屋主塗裝	地板（廁所、脫衣間）	塑膠地磚SANGETSU PF-4581 （黑）		
7	已確認	木地板	櫟木地板UNI 原木品	原木	

			外裝工程		2015.11.15
1	已確認	外牆	薄鋼浪板 顏色：牡蠣白		
2	已確認	外牆	香杉木紋板	玄關週邊 週邊為光面 正面為粗面	
3	已確認	屋頂	薄鋼、折邊板 顏色：牡蠣白		
4	已確認	簷底	簷底水性樹脂塗裝／G22-85B	配合天花板顏色	
5	已確認	雨水管	薄鋼、半捲形 顏色：象牙色		
6	已確認	水切（鍍鋁鋅鋼板部位）、破風、簷邊	薄鋼、顏色 顏色：蠣白		
7	已確認	水切（木質部位）	薄鋼 顏色：珍珠啡		
8	已確認	雨遮	顏色：銀灰（＝淡灰）		

		外構工程		2015.11.15
	停車場	灰泥收尾 刷紋		
	基礎水泥樁	灰泥收尾 刷紋	（視實際狀況決定是否追加）	

271

新手建築師の教科書（長銷好評版）

員工管理・工地勘察・業主溝通・設計實務・簡報技巧・工程監造，
日本一級建築師執業經營之道，一次傳授！

作　　者	飯塚 豊
譯　　者	桑田 德
封面設計	黃畇嘉、白日設計（二版）
內頁構成	詹淑娟
執行編輯	劉佳旻
責任編輯	詹雅蘭
行銷企劃	王綬晨、邱紹溢、蔡佳妘
總 編 輯	葛雅茜
發 行 人	蘇拾平

出　　版	原點出版 Uni-Books
	Facebook：Uni-Books 原點出版
	Email：uni-books@andbooks.com.tw
	台北市105松山區復興北路333號11樓之4
	電話：02-2718-2001 傳真：02-2718-1258
發　　行	大雁文化事業股份有限公司
	台北市105松山區復興北路333號11樓之4
	24小時傳真服務 （02）2718-1258
	讀者服務信箱 Email: andbooks@andbooks.com.tw
	劃撥帳號 19983379
戶　　名	大雁文化事業股份有限公司

二版一刷　2023年09月

定　　價	560元
ISBN	978-626-7338-29-2
ISBN	978-626-7338-31-5（EPUB）

大雁出版基地官網：www.andbooks.com.tw（歡迎訂閱電子報並填寫回函卡）

國家圖書館出版品預行編目(CIP)資料

新手建築師の教科書（長銷好評版）
／飯塚豊著；桑田德譯. 二版. 臺北市：
原點出版：大雁文化發行, 2023.09;
272面；17×23公分
ISBN 978-626-7338-29-2(平裝)

1.CST：建築師

440.5　　　　　　112014683